GRUNDRISS
DER
FLUSSMORPHOLOGIE
UND DES
FLUSSBAUES

VON

FRIEDRICH SCHAFFERNAK

MIT 129 TEXTABBILDUNGEN

WIEN

SPRINGER-VERLAG

1950

ISBN-13: 978-3-211-80168-0   e-ISBN-13: 978-3-7091-7761-7
DOI: 10.1007/978-3-7091-7761-7

Vorwort.

Die schweren Fehler, die man in der ersten Etappe der Flußregulierungsaktionen gemacht hat, als man im Durchstich das alleinige Heilmittel erblickte, sind heute durch nachträgliche Gegenmaßnahmen zum größten Teile behoben. Trotz aller bösen Folgeerscheinungen werden jedoch bei diesen Nachregulierungen nicht immer die mit großen Opfern erkauften Erfahrungen im Flußbaue in fachlich einwandfreier Weise in Anwendung gebracht. In noch viel stärkerem Maße sind aber die folgenschweren Eingriffe in das natürliche Regime der Flußsysteme zu beachten, welche durch die in Ausführung begriffene systematische Wasserkraftnutzung eingeleitet werden. Es besteht die Gefahr, wenn nicht die fachlich verantwortlichen staatlichen Organe rechtzeitig eingreifen, daß eine Wiederholung von Fehlschlägen sich einstellen würde, wie sie die einstige naturwidrige Bauweise verursacht hat. Aus allen diesen Gründen ist es daher notwendig, den Flußbau nicht nur von der rein praktischen Seite zu behandeln, sondern soweit als möglich durch flußmorphologische Erwägungen und darauf basierende Projektierungsgrundsätze zu stützen.

Diese Erwägungen haben die Veranlassung gegeben, die grundsätzlichen Fragen der Flußmorphologie zusammenfassend vor dem eigentlichen Flußbau zu behandeln. In beiden Teilen des Buches, in der Flußmorphologie und im Flußbau, ist eine knappe, aber übersichtliche Darstellungsweise angestrebt worden, um den jüngeren Ingenieurgenerationen, und an diese richtet sich diese Veröffentlichung in erster Linie, die „Empfindlichkeit" eines Flußorganismus und damit die Größe der Verantwortung, die ein Flußbauingenieur bei seinen Arbeiten zu tragen hat, in möglichst eindringlicher Weise vor Augen zu führen.

Bei der Herstellung der Abbildungen haben mir meine ehemaligen Assistenten Dr. techn. Raimund Geilhofer und Dipl.-Ing. Erwin Kandelsberger wertvolle Hilfe geleistet. Die Korrektur der Druckbogen besorgte in freundschaftlichster Weise Oberbaurat Dipl.-Ing. Hugo Rainer. Ihnen allen danke ich herzlich. Der Verlag hat trotz der noch immer bestehenden ungünstigen Nachkriegsverhältnisse der Ausstattung des Buches die gewohnte Aufmerksamkeit gewidmet, was mit Anerkennung hervorgehoben werden soll.

Graz-Eggenberg, im Februar 1950.

F. Schaffernak.

Inhaltsverzeichnis.

Erster Teil.

Flußmorphologie.

Zweiter Teil.

Flußbau.

Flußmorphologie.

Flußmorphologie.

Mit *Morphologie* bezeichnet man im allgemeinen die Lehre von den Oberflächenformen. Handelt es sich um die Erdoberfläche, wird diese Lehre *Geomorphologie* genannt.[1] Beschränkt man sich nur auf die Umgestaltung des Flußbettes, dann spricht man von *Flußmorphologie.* Während bei der Geomorphologie geologische Zeiten in Betracht kommen, spielen bei der Flußmorphologie schon kürzere Zeitabschnitte eine Rolle.

I. Vorgänge bei der Umbildung der Erdoberfläche (Geomorphologie) und bei der Umbildung des Flußbettes (Flußmorphologie).

1. *Auflockerung* der festen Erdrinde	mechanisch durch Zertrümmerung	Tektonische Vorgänge (Verwerfung, Überschiebung, vulkanische Wirkungen), Gletscher (Aushobelung), Eiswirkung (Spaltenfrost).
	chemisch durch Lösung	infolge Gehaltes der Niederschlagswässer an O und CO_2 oder chemischer Umwandlungsprodukte der Pflanzen (z. B. Huminsäure).
2. *Umlagerung* des gelockerten Materials durch		Eis (glaciale Umlagerung: Moränen), Wind (äolische Umlagerung: Löß, Dünen, Versteppung), Wasser (fluviatile Umlagerung: Aufschüttung von Talböden, Umbildung der Flußläufe).
3. *Umbildung* der Flußläufe	im Grundriß	Mäanderausbildung, Mäanderwanderung (Seitenschurf),
	im Querschnitt	Erosion (Tiefenschurf), Denudation (Bloßlegung),
	im Längenprofil	Eintiefung, Hebung, Zeitliches Gleichgewicht.

Nur die Vorgänge bei der Umbildung von Flußläufen sind Gegenstand des im folgenden behandelten Lehrgegenstandes Fluß-

---

[1] *Davis, W. M.:* Die erklärende Beschreibung der Landformen. Leipzig, 1928. — *Hettner, H.:* Die Oberflächenformen des Festlandes. Leipzig, 1928. — *Machatschek, F.:* Geomorphologie. Leipzig, 1934.

morphologie. Bei diesen morphologischen Vorgängen wird das gelockerte Bodenmaterial aus den oberen Flußstrecken vom Niederschlagswasser zu Tal gefördert, durch Zerschlagen, Abrieb- und Abschliff verkleinert und schließlich in die Weltmeere verfrachtet. Damit setzt im gesamten Flußlauf eine *Sinkstoffbewegung* ein, wobei die *Schwebestoffe* über den gesamten Flußquerschnitt verteilt, schwebend mitgeführt werden, während das *Geschiebe* auf der Flußsohle gerollt, geschoben oder springend gefördert wird.

Außer Schwebestoffen und Geschiebe führen die Gewässer zeitweise als dritten *Feststoff* Eis in Form von Treibeis oder Eisbrei, die aus Randeis oder Grundeis stammen.

Bei Fließgeschwindigkeiten über 4 m/sek wird überdies Luft, bemerkbar durch die Gischtbildung, mitgeführt, wobei der Anteil der Luft bis zu 80 v. H. des Luft-Wasser-Gemisches ansteigen kann.

1. Grundrißausbildung des Flusses und Talweges. Auf einer glatten, geneigten Ebene fließt das Wasser geradlinig in Richtung des stärksten Gefälles ab. Durch Hindernisse wird der

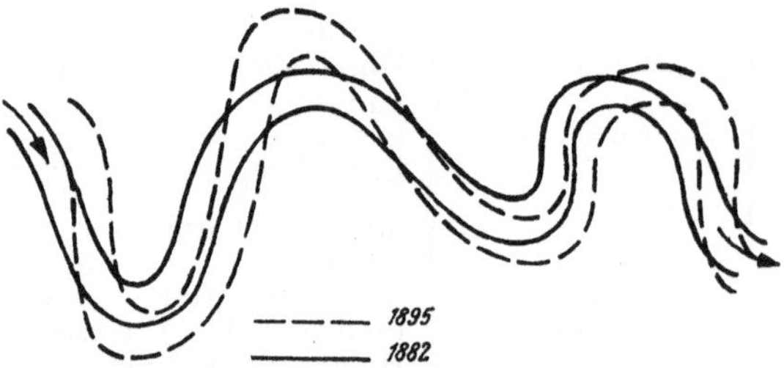

Abb. 1. Mäanderverschiebung des Mississippi
bei Vicksburg von 1882 bis 1895.

Wasserfaden abgelenkt. Er krümmt sich und sucht dann wieder die frühere Richtung anzunehmen.

Hat sich der Wasserfaden in den Talaufschüttungen ein Bett gegraben, dann wird im Zuge dieser Abschwenkung das Ufer bezw. der Hang angegriffen (Seitenschurf). Das abgetragene Material wird vom Wasser flußabwärts gefördert und unterhalb der Angriffstelle teilweise abgelagert (Anlandung). Damit wird eine neuerliche Verschwenkung des Wasserfadens ausgelöst. Es bildet sich der *Flußmäander*, der eine ununterbrochene Aufeinanderfolge von gekrümmten, aber niemals geradlinigen Flußstrecken aufweist.

Infolge des zunehmenden Seitenschurfes und der Anlandung werden im Laufe der Zeit die Krümmungen verstärkt (Längsverschiebung des Mäanders) (Abb. 1). Dies kann bis zum Abschneiden einzelner Mäanderschleifen fortschreiten (Abb. 2). Hiedurch wird neben der Längsverschiebung des Mäanders auch eine Querverschiebung eintreten. Schließlich führt dies zur Flußzersplitterung (Flußau), welche die landwirtschaftliche Benützung des Talbodens unterbindet.

Die Verbindungslinie der tiefsten Punkte des Flußschlauches nennt man *Talweg*. Grundriß des Talweges und Stromstrich überdecken sich. Der *Talwegmäander* zeigt den gleichen Rhythmus wie der Flußmäander, weist aber etwas stärkere Krümmungen auf.

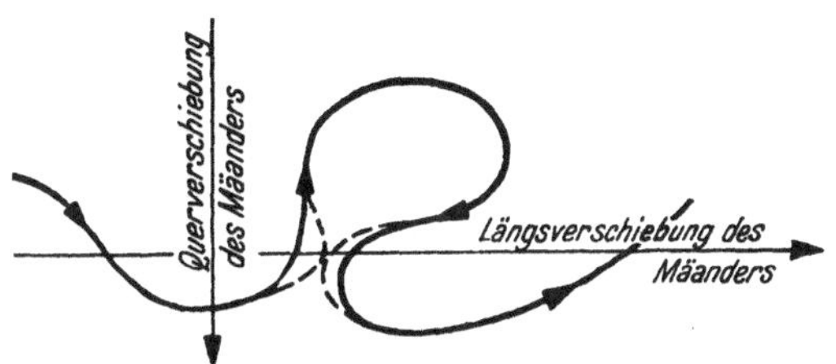

Abb. 2. Selbsttätiges Abschneiden von Mäanderschleifen.

Auch in regulierten Flußstrecken ist ein Talwegmäander festzustellen. In künstlichen, schwach gekrümmten Flußstrecken und besonders in künstlich vollständig gerade gestreckten Flüssen tritt eine Längsverschiebung des Talweges ein, die mehr als 100 m pro Jahr betragen kann. (Näheres S. 42 u. f.)

2. Flußausbildung im Querschnitt. Der Fluß gräbt im ersten Ausbildungsstadium ein V-förmiges Tal in seinen festen Untergrund (Kerbtal), das sich allmählich vertieft (Tiefenschurf) (Abb. 3).

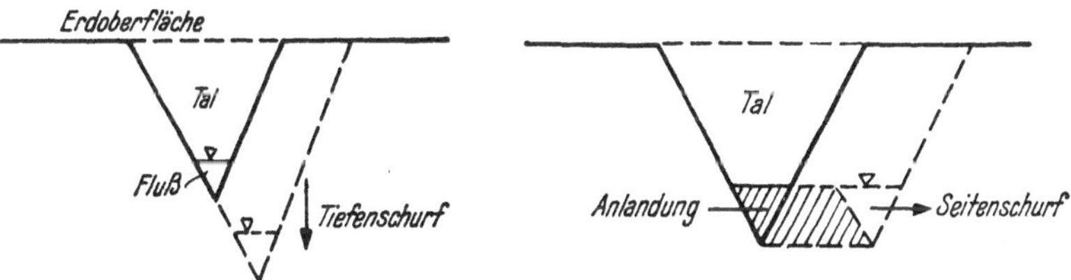

Abb. 3. Erstes Ausbildungsstadium — V-förmiges Tal.

Abb. 4. Zweites Ausbildungsstadium — Trogförmiges Tal.

Gleichzeitig beginnt auch der Seitenschurf zu wirken. Es entsteht in diesem zweiten Ausbildungsstadium ein trogförmiges Tal, in welchem sich infolge der entstehenden Anlandungen der Flußmäander entwickelt (Abb. 4).

Durch Bewegungen der Erdkruste können Gefällsverminderungen eintreten, welche wegen der abnehmenden Schleppkraft des Wassers zu Talaufschüttungen (Alluvionen) führen. In diesen Aufschüttungen mäandert der Fluß ohne Tiefenschurf im ersten Zyklus des dritten Ausbildungsstadiums als freier Flußmäander. Durch Eintiefungsvorgänge können weitere Zyklen ausgelöst werden (Abb. 5). Die Aufeinanderfolge der einzelnen Zyklen kann aus den stehengebliebenen Flußterrassen (Fluren) herausgelesen werden (Morphogenese)[1].

Abb. 5. Drittes Ausbildungsstadium — Ausbildung von Flußzyklen.

3. Längenprofil eines Flußlaufes. Das Gefälle ist in der oberen Flußstrecke steil und verflacht sich nach unten. Das Gewässer wird daher im Oberlaufe vermöge des größeren Gefälles dauernde Abtragsarbeit leisten, was eine durchlaufende *Eintiefung* und damit eine allmähliche Verringerung des Gefälles daselbst nach sich zieht. Eine Gefällsänderung wird sich aber auch im Unterlaufe bemerkbar machen, wo infolge der verminderten Schleppkraft des Wassers eine dauernde *Hebung* der Flußsohle. eintritt (Abb. 6).

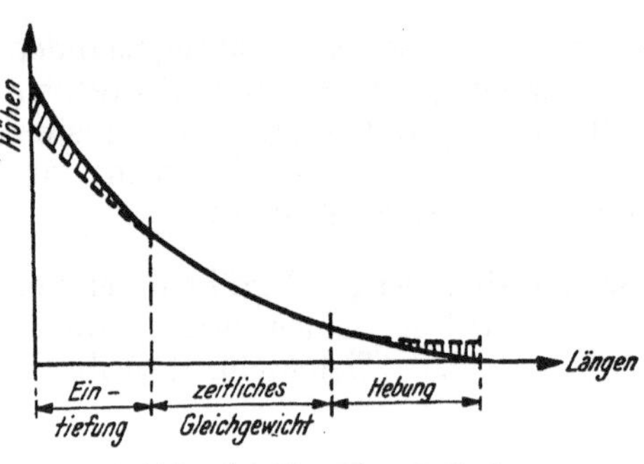

Abb. 6. Charakteristisches Flußlängenprofil.

Im Mittellaufe dagegen hält sich die Flußsohle längere Zeit in angenähert gleicher Höhenlage; es herrscht dort ein *natürliches zeitliches Gleichgewicht.*

Wird in einem Flußlaufe der natürliche Gleichgewichtszustand durch Bauten gestört, dann findet eine Umbildung der Flußsohle bis zur Erreichung eines *neuen* Gleichgewichtszustandes statt.

Ist dieser Bau beispielsweise eine Talsperre, dann wird der Stauraum flußauf allmählich verlanden, dagegen wird flußab der Fluß eingetieft werden, weil, durch den Geschieberückhalt oberhalb, das über die Talsperre stürzende Wasser geschiebefrei ist.

---

[1] *Diwald, K.:* Morphogenese der Ötscherlandschaft. Wien 1924.

Nach gänzlicher Aufschotterung des Stauraums wird das überstürzende Wasser wieder Geschiebe in das Unterwasser schleppen und die Eintiefung wird sich nach und nach bis fast zur alten Gleichgewichtslage der Flußsohle rückbilden. Beim Bau von Stauwerken muß daher auf diesen Vorgang wegen allfälliger Unterkolkung der Bauten Rücksicht genommen werden, denn derartige Umbildungen können große Ausmaße annehmen. So sind bei der im Jahre 1918 fertiggestellten Wasserkraftanlage in Faal an der Drau im ersten Betriebsjahre im Stauraume 0,9 Millionen Kubikmeter Sinkstoffe abgelagert worden. Bis 1937 waren bereits $^2/_3$ des Stauraums aufgefüllt, wobei in der Nähe des Wehres die Auflandungshöhe fast 10 m erreicht hat. Bei der Talsperre Reichenhall an der Saalach ergab sich nach erfolgter Auffüllung des Stauraums unterhalb derselben eine Eintiefung bis zu 3 m.

Es lassen sich aus derartigen Erfahrungen in der Natur folgende allgemeine morphologische Grundsätze aufstellen:

1. Die Geschiebeförderung in einem Flußlaufe ist ein natürlicher, nicht vollständig verhinderbarer Vorgang, der durch Zerstörung und Auflockerung der festen Erdrinde ausgelöst und durch die Schleppkraft des Wassers in der gesamten Flußstrecke aufrecht erhalten wird.

2. Jeder im Naturzustand befindliche Flußlauf weist in seiner Längenprofilausbildung ein natürliches zeitliches Gleichgewicht in der Mittelstrecke auf.

3. Dieses zeitliche Gleichgewicht kann durch elementare natürliche Vorgänge oder durch künstliche Beeinflussungen gestört werden.

4. Diese Störungen führen zu Umbildungen des Flußlaufes in der Sohle, wie auch an den Wandungen, von denen die ersteren einem neuen Gleichgewichtszustand zustreben.

5. Eine rechnungsmäßige oder graphische Behandlung der morphologischen Aufgaben ist nur dort erfolgverheißend, wo Stetigkeit in der Geschiebeförderung und im Umbildungsvorgang vorherrscht; dies ist näherungsweise in der Mittelstrecke des Flußlaufes der Fall.

II. Störungsursachen des zeitlichen Gleichgewichtes und deren Auswirkung.

Man unterscheidet natürliche und künstliche Störungen, die sich auf folgende Ursachen zurückführen lassen:

Natürliche Störungen, hervorgerufen durch

- a) Katastrophale Wasserführung
- b) Rutschungen

Künstliche Störungen, hervorgerufen durch

- a) Änderung der Wasserführung
  - 1. Wasserentzug und Wasserzugabe (Wasserkraftanlagen)
  - 2. Wasserabgleichung (Stauweiher)
- b) Änderung der Wasserspiegellage
  - 3. Einengung (Flußregulierungen)
  - 4. Kürzung (Flußregulierungen)
- c) Änderung des Sättigungsgrades mit Sinkstoffen
  - 5. Sinkstoffentzug (Stauraum)

Durchlaufende Umbildungen

- d) Änderung der Fließrichtung im
  - 6. Grundriß (Buhnen)
  - 7. Aufriß (Wehr)
  - 8. Raume (Brückenpfeiler)

Örtliche Umbildungen.

Die *natürlichen Störungen* können nur durch Wildbachverbauungen in der oberen, durch Flußregulierung in der mittleren und unteren Gewässerstrecke behoben werden.

Künstliche Störungen können mit Hilfe von zusätzlichen Bauten auf ein zulässiges Maß herabgesetzt werden. Gestaltung und Ausmaß dieser Bauten richten sich nach der zu erwartenden Auswirkung der Störung, die sich in einer durchlaufenden oder nur örtlichen Umbildung des Flußlaufes einstellen kann. Es ergibt sich sonach aus wirtschaftlichen Gründen die Notwendigkeit, vor allem die künstlichen Störungen des natürlichen Gleichgewichtszustandes hinsichtlich der Auswirkung und deren Beseitigung systematisch zu behandeln.

Die Ursachen der künstlichen Störungen sind, wie aus vorstehender Zusammenstellung hervorgeht, verschiedenster Art und zwar hervorgerufen durch:

1. Wasserentzug und Wasserrückgabe. Bei einer Wasserkraftanlage wird der Entnahmestrecke $A—B$ des Mutterflusses durch die Triebwasserleitung die Triebwassermenge Q_e, die bis zur Ausbauwassermenge $Q_{e,max}$ gesteigert werden kann, entzogen

(Abb. 7). Die Ableitung erfolgt im Einfangprofil bei A, ohne Wehr oder mit Wehr, die Wasserrückgabe im Rückgabeprofil bei B.

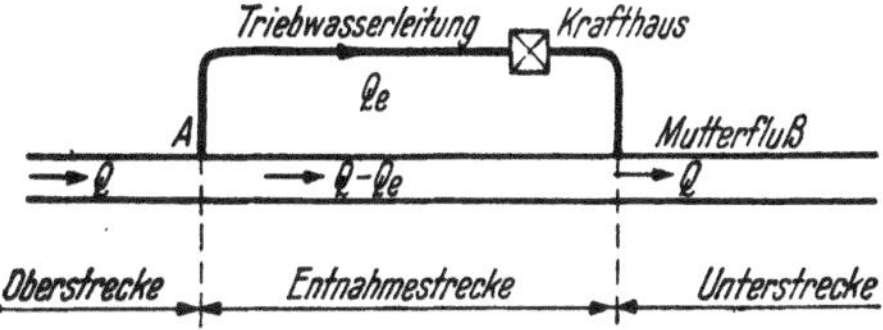

Abb. 7. Wasserentzug und Wasserrückgabe durch eine Wasserkraftanlage.

Die Wasserentnahme und Wasserrückgabe kann auch getrennt am Nebenfluß und Hauptfluß (Abb. 8) oder an zwei verschiedenen Flußsystemen liegen (Abb. 9).

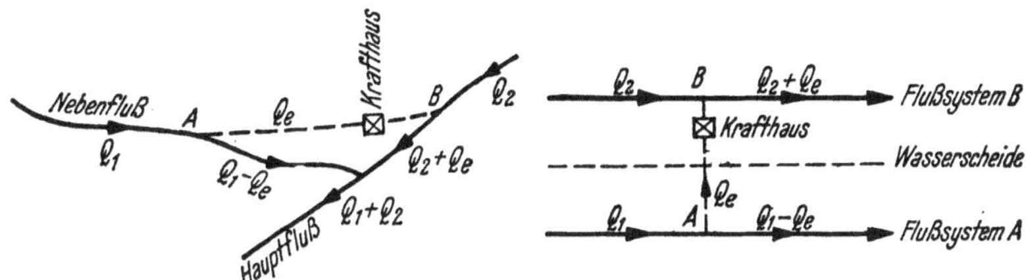

Abb. 8. Wasserentzug und Wasser-rückgabe am Neben- und Hauptfluß.

Abb. 9. Wasserentzug und Wasser-rückgabe an verschiedenen Fluß-systemen.

2. Wasserabgleichung. Sie wird durch Einschaltung eines Stau-weihers und des hiedurch be-wirkten Rückhaltes hervorge-rufen, wobei die abfließende Wassermenge Q_a, größer, gleich oder kleiner als die zufließende Wassermenge Q_z sein kann (Abb. 10).

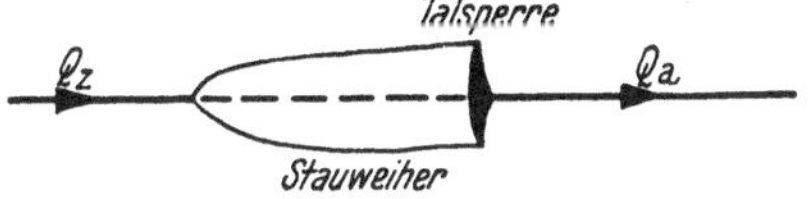

Abb. 10. Wasserabgleichung $Q_a \gtreqless Q_z$.

3. Einengung des Flußlaufes. Bei der Einengung der Fluß-breite B auf b mittelst durchlaufender Flußbauwerke (Leitwerke oder Buhnen) tritt eine, fast auf die gesamte Einengungslänge sich erstreckende, parallele Hebung Δh des Wasserspiegels ein (Abb. 11).

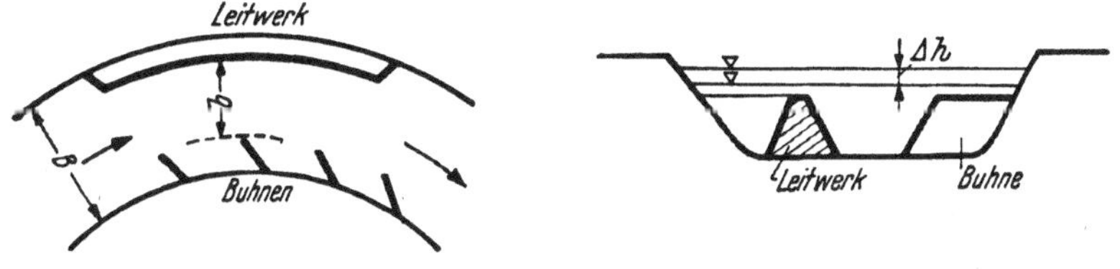

Abb. 11. Durchlaufende Einengung eines Flußlaufes.

4. Kürzung des Flußlaufes. Die Kürzung, bewirkt durch Ausführung von Durchstichen, ruft eine Gefällsänderung des Wasserspiegels, und zwar eine Vergrößerung von h/L_1 auf h/L_2 hervor, wenn der Höhenunterschied des Wasserspiegels von $A - B = h$ und die Längen des ursprünglichen, beziehungsweise gekürzten Flußabschnittes L_1, bezw. L_2 betragen (Abb. 12).

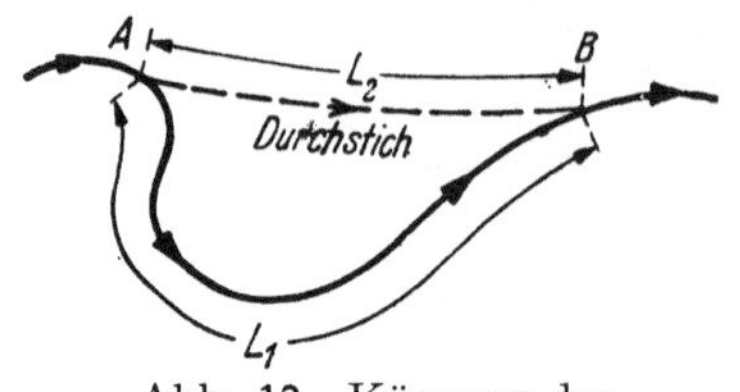

Abb. 12. Kürzung des Flußlaufes.

5. Sinkstoffentzug. Jede künstliche Querschnittsvergrößerung im Flußlaufe, etwa durch einen eingeschalteten Stauraum, bewirkt eine Verminderung der Fließgeschwindigkeit und damit einen Sinkstoffentzug. Hiebei ist für eine morphologische Auswirkung in den Gewässernetzen der *Geschiebeentzug* · in erster Linie maßgebend.

In Stauräumen, die zeitweise gespült, also mit größeren Geschwindigkeiten durchflossen werden, wie dies bei Wehrstauräumen der Fall, ist der *Schwebestoffentzug* durch Sedimentierung oder Klärung überhaupt von untergeordneter Bedeutung.

6.—8. Änderung der Fließrichtung. Jedes Bauwerk im Flusse ruft eine mehr oder minder starke Richtungsänderung der Wasserfäden hervor, die einen verstärkten Angriff auf die Wandung zur Folge hat.

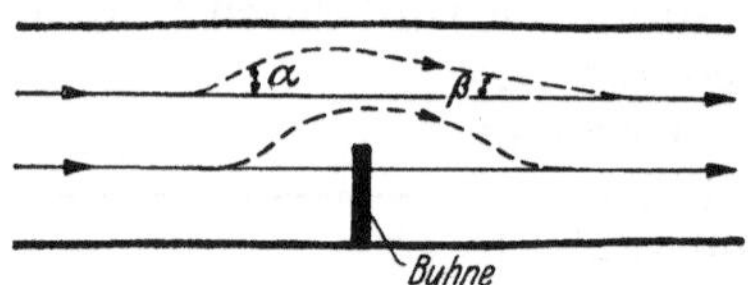

Abb. 13. Änderung der Fließrichtung im Grundriß.

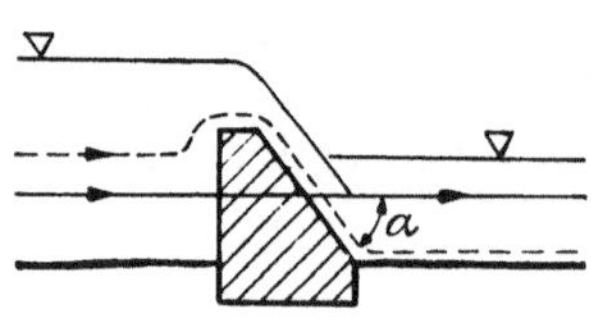

Abb. 14. Änderung der Fließrichtung im Aufriß.

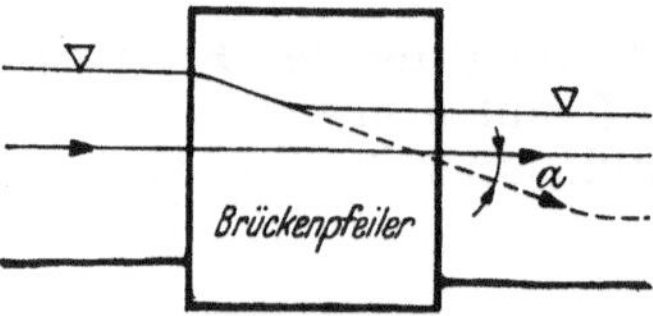

Abb. 15. Räumliche Änderung der Fließrichtung.

Diese Richtungsänderung α kann vornehmlich im Grundriß, wie etwa durch Buhnenbauten (Abb. 13), im Aufriß, wie etwa durch Wehrobjekte (Abb. 14) oder räumlich, wie beispielsweise bei Brückenpfeilern (Abb. 15) hervorgerufen werden.

III. Charakterisierung und Messung der Feststoffe.

1. Schwebestoffe. Die Schwebestoffe durchsetzen den gesamten Durchflußquerschnitt. Mit der Abnahme der Fließgeschwindigkeit werden Schwebestoffe abgelagert, um bei Zunahme wieder emporgewirbelt und fortgetragen zu werden. Die Ursache der Aufnahmefähigkeit des fließenden Wassers für Schwebestoffe ist die bei der turbulenten Bewegung auftretende Querbewegung. Die *Schwebestoffmenge*, wie die *Schwebestofffracht* werden im Gewichts- oder Raummaß angegeben. Zur Ermittlung des Raummaßes bedarf man des Raumgewichtes der Schwebestoffmasse. Da eine einheitliche Gewichtsbestimmung der Raumeinheit der nassen Schwebestoffe Schwierigkeiten bereitet, wird ihr Raumgewicht auf den Gehalt an Trockenschwebestoffen bezogen, für den es wieder je nach dem Grade der Verdichtung verschiedene Werte geben kann. Gewöhnlich erfolgt diese Angabe für eine Probe, die entweder lose eingefüllt oder kräftig eingerüttelt ist. Die zur Umrechnung notwendige Verhältniszahl zwischen dem Raumgewicht des etwa in einem Staubecken abgelagerten nassen und des zugehörigen trockenen Schwebestoffes, die *Schwebestoffdichte*, läßt sich nur auf Grund von Versuchen bestimmen.[1]

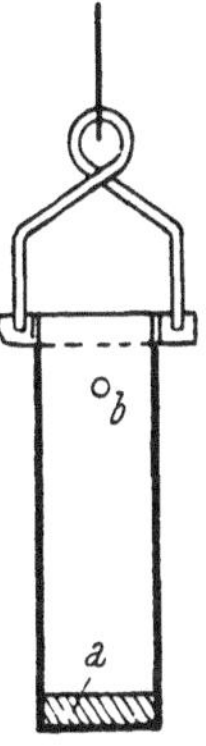

Für die Ausführung der Messung der Schwebestoffmenge ist es wichtig zu wissen, daß die Schwebestoffe im Durchflußquerschnitt nicht nur verschieden verteilt, sondern, daß überdies wegen der Pulsation des fließenden Wassers auch eine zeitliche Änderung eintritt. Hieraus ergibt sich, daß es für sehr genaue Mengenerhebungen nicht genügt, die Schwebestofführung nur an einem Punkte des Durchflußquerschnittes zu messen.

Die Mengenmessung beruht entweder auf der Bestimmung der in Wasserproben enthaltenen Schwebestoffmenge, auf der Messung der Wassertrübung auf photoelektrischem Wege oder auf der Messung von Schwebestoffanlandungen in Ablagerungsbecken.

Abb. 16.
Schöpfgefäß
a) Bleifüllung,
b) Ablauföffnung.

Das gegenwärtig noch fast allgemein geübte Verfahren ist die Einprobenentnahme, und zwar am zweckmäßigsten in einem Pegelprofile. Hiezu bedient man sich, in der einfachsten Ausführung, eines zylindrischen Schöpfgefäßes, wie nebenstehend abgebildet, das unten mit Blei beschwert ist und bis zur Bohrung *b* einen Liter Inhalt

---

[1] *Krapf, Ph.*: Die Schwebestofführung des Rheins und anderer Gewässer; Wochschr. f. d. öffentl. Bd. Wien 1919, H. 48 u. 50. — Mitteilungen d. Eidg. Amtes f. Wasserwirtschaft in Bern: Untersuchungen in der Natur über Bettbildung, Geschiebe- und Schwebestofführung; Bern 1939. Ermittlung der Schwemmstofführung in natürlichen Gewässern. Die Bautechnik, 1929, H. 35 u. 38.

besitzt.[1] Das Schöpfgefäß wird entfernt vom Ufer an einer Leine etliche Dezimeter unter den Wasserspiegel hinabgelassen. Nach dem Hochziehen fließt das überschüssige Wasser durch die Bohrung b ab und es bleibt genau ein Liter Flüssigkeit im Gefäße (Abb. 16).

Die Anzahl der Probenentnahmen ist davon abhängig, ob man sich mit einer ungefähren Angabe der Schwebestoffracht begnügt oder ob man auch kurzfristige Schwankungen der Schwebestoffmengen berücksichtigen und dadurch eine genaue Frachtbestimmung erreichen will.

Im ersten Falle empfiehlt sich folgender Vorgang: Für die Aufnahme der entnommenen Wasserproben, die man am besten täglich zur Stunde der Pegelbeobachtung entnimmt, wird ein mit einem Deckel versehenes Gefäß aus Glas oder emailliertem Blech bereitgestellt, dessen Gewicht bestimmt worden ist. In dieses Sammelgefäß wird die täglich entnommene Schöpfprobe geschüttet, das Gefäß verschlossen und in ein Wasserbad gebracht und solange erhitzt, bis die Schöpfprobe zum größten Teil verdunstet ist, wobei jedoch die Temperatur niemals 100^0 C überschreiten darf. Nach Ablauf eines größeren Zeitabschnittes, etwa eines Monates, wird nach vollständiger Verdunstung des Wassers neuerlich gewogen und aus dem Unterschiede beider Wägungen die mittlere Schwebestoffmenge einer Schöpfprobe bestimmt. Nunmehr wird die Schwebestoffmenge auf die Raumeinheit der Wasserdurchflußmenge Q bezogen und in Raum- oder Gewichtsmaß umgerechnet, wodurch man das zeitliche Mittel des *Schwebestofftriebes s* und schließlich durch die Vervielfachung mit der Wasserfracht

$$\sum_{t_1}^{t_2} Q \cdot \varDelta t$$ des der Beobachtung zugrunde gelegten Zeitabschnittes die *Schwebestofffracht* mit $s \sum_{t_1}^{t_2} Q \cdot \varDelta t$ erhält.

Dieses Verfahren ist einfach und mit geringem Zeitaufwand durchführbar, ist aber auf der Annahme der Gleichheit der Schwebestofführung an jedem Punkte des Durchflußquerschnittes und auf der Proportionalität von Wasserführung und Schwebestofführung aufgebaut, beides Voraussetzungen, die nicht immer genau zutreffen.

Das Verfahren kann aber noch eine Fehlerquelle besitzen, welche zu einer Überschätzung der Schwebestoffracht führt. Enthält das Flußwasser auch gelöste Stoffe, dann werden beim Verdunsten auch diese abgeschieden und erhöhen den festen Rückstand. In solchen Fällen müssen die Wasserproben durch ein Papierfilter gefiltert werden und das Schwebestoffgewicht einer Schöpfprobe aus einer Wägung des Filters vor und nach der Filterung ermittelt, auf die Raumeinheit der Wasserdurchfluß-

---

[1] *Rosenauer, F.:* Der Donauschöpfer, ein neues Gerät zur Entnahme von Wasserproben aus rasch fließenden Gewässern. Die Wasserwirtschaft; 1933, H. 22.

menge Q bezogen und auf den Schwebestofftrieb s umgerechnet werden. Aus $\sum\limits_{t_1}^{t_2} Q\,s\,.\,\varDelta\,t$ ergibt sich dann die Schwebestofffracht für den Zeitabschnitt t_1 bis t_2.[1]

2. Geschiebe. Eine ausreichende Beschreibung der Bodenmaterialien vom Standpunkte der Hydrographie hat die Angaben der Lagerung, des Aufbaues, der Form des Einzelkornes und der Mischung zu umfassen.

Die *Lagerung* kann im allgemeinen homogen oder inhomogen sein, soferne die Zusammensetzung des Bodenmateriales überall gleichartig ist oder von Ort zu Ort wechselt. Die inhomogene Lagerung ist wieder als geschichtet oder ungeschichtet anzusprechen, je nachdem eine Aufeinanderfolge von deutlich ausgebildeten Schichten von verschiedener Zusammensetzung oder eine vollkommene Unregelmäßigkeit in der Verteilung einzelner Mischungsgruppen vorherrscht. Geschichtete Lagerung wird als stetig oder unstetig inhomogen bezeichnet, soweit eine Schichtung in sehr schwachen oder sehr starken Lagen erkennbar ist.

Der *Aufbau*, auch Struktur der Bodenmaterialien genannt, erfolgt als Einzelkornstruktur, Wabenstruktur oder als Flockenstruktur.[2]

Die *Form des Einzelkornes* wird angenähert durch die Korngröße d angegeben, die vereinbarungsgemäß der Weite einer quadratischen Siebmasche d entspricht, durch welche das Geschiebestück eben noch zurückgehalten wird. Eine noch genauere Kennzeichnung kann durch die Angabe der drei Hauptabmessungen vermittelt werden.

Die *Mischung*, also die Zusammensetzung der Bodenmaterialien, wird angegeben durch die in v. H. ausgedrückten Teilgewichte einzelner Mischungsstufen von dem Gewichte der Gesamtmenge des zu beschreibenden Bodenmateriales in trockenem Zustande.

Für die Unterteilung der Mischungsstufen empfiehlt sich folgende Regel: Bei Bodenmaterialien, die grobes Korn enthalten, werden die Grobmischungsstufen nach den Korngrößen 0 bis 3 mm, 3 bis 5 mm, 5 bis 10 mm, 10 bis 20 mm, 20 bis 30 mm, 30 bis 50 mm, 50 bis 70 mm, 70 bis 100 mm, 100 bis 150 mm usf. gewählt. Bei Bodenmaterialien, deren größtes Korn kleiner als 3 mm ist oder zur weiteren Unterteilung der ersten Grobmischungsstufe werden die Feinmischungsstufen nach den Korngrößen 3 bis 2 mm, 2 bis 1 mm, 1 bis 0,6 mm, 0,6 bis 0,1 mm, 0,1 bis 0,06 mm und 0,06 bis 0,00 mm unterteilt.

Die Bestimmung der Anteile der Grobmischungsstufen erfolgt mittelst eines Grobsiebsatzes, dessen Siebe eine quadratische Maschenweite von $d = 3, 5, 10, 20, 30$ und 50 mm besitzen. Für

---

[1] Über anderweitige Verfahren siehe *Schaffernak, F.*: Hydrographie. Wien 1935. S. 195 u. f.

[2] *Terzaghi, K.*: Erdbaumechanik auf bodenphysikalischer Grundlage. Leipzig 1925.

die Bestimmung der Anteile der Korngattungen größer als 50 mm verwendet man am besten quadratische Lehren mit den entsprechenden Weiten von 70, 100 mm usf. Für die Bestimmung der Anteile der Feinmischungsstufen sind Feinsiebsätze mit den Maschenweiten von 3, 2, 1, 0,6, 0,1 und 0,06 mm notwendig.

Eine noch weitergehende Trennung nach Korngrößen wäre nicht mehr mittelst der Siebanalyse, sondern nur mit Hilfe der Schlämmanalyse durchführbar. Für rein hydrographische Zwecke kommt diese weitgehende Analyse kaum zur Anwendung, wohl aber spielt sie in der Erdbaumechanik eine große Rolle.

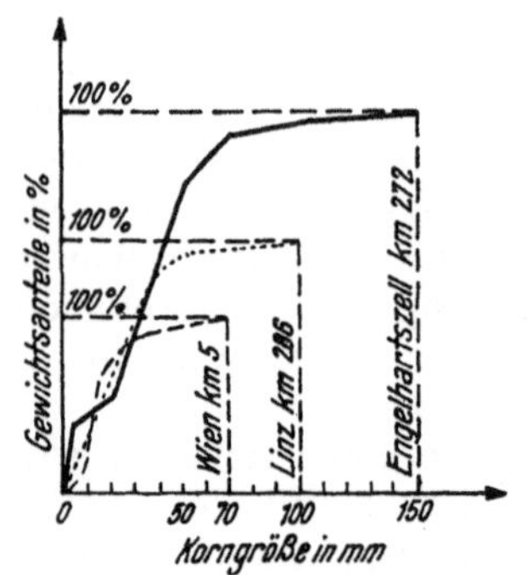

Abb. 17. Geschiebemischungs-
linien der Donau bei
Engelhartszell, Linz und Wien.

Das Ergebnis derartiger Bodenanalysen wird graphisch in der Form der sogenannten *Mischungslinie* dargestellt, wenn es sich um die Kennzeichnung der Zusammensetzung der Bodenmaterialien einzelner Örtlichkeiten handelt. Es ist üblich, die Mischungslinie für Grobsiebanalysen nach Abb. 17 darzustellen, wobei für die Korngröße ein linearer Maßstab gewählt wird. Für Feinsieb- und Schlämmanalysen wird die Auftragung mit Zuhilfenahme eines logarithmischen Maßstabes für die Korngröße durchgeführt.

Man erhält hiedurch Mischungslinien, welche den Anteil an feineren Bestandteilen deutlicher zum Ausdruck bringen.

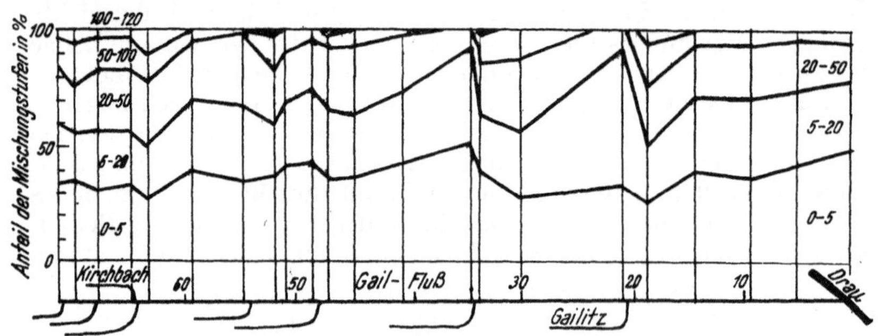

Abb. 18. Geschiebemischungsband nach *F. Makovec.*

Die Veränderung der Mischung des Geschiebes in einer längeren Flußstrecke wird am besten in einem *Geschiebemischungsband* gezeigt (Abb. 18). Aus den bekannten Mischungslinien für die einzelnen Flußprofile erhält man durch Projektion derselben auf die in diesen Profilen gezogenen Ordinatenlinien die dort herrschende

Verteilung der Mischungsstufen. Die Abgrenzung der Punkte gleicher Mischungsstufen längs der Flußstrecke gibt das Mischungsband. Es zeigt in übersichtlicher Weise durch die ansteigenden Linienzüge die Wirkungen des Abschliffes und durch die sprungweise Änderung der Zusammensetzung des Geschiebegemisches in den Einmündungsstrecken die morphologische Wirkung der Zubringer.[1]

Eine einfachere, aber minder genaue Kennzeichnung der Mischung als jene durch die Mischungslinie, die jedoch für manche praktische Zwecke ausreicht, besteht in der Angabe des *Ungleichförmigkeitsgrades* eines Bodenmaterials. Man versteht darunter das Verhältnis jener beiden Korngrößen d_{60} und d_{10}, die das Gemisch derart scheiden, daß das Gewicht aller kleineren Körner 60 v. H., bezw. 10 v. H. des Gesamtgewichtes beträgt (Abb. 19). Es ist daher der Ungleichförmigkeitsgrad

$$\frac{d_{60}}{d_{10}}.$$

Die Entnahme des Geschiebematerials hat womöglich in der Furtstrecke oder, wenn sie dort undurchführbar ist, auf den Geschiebebänken zu erfolgen. Da die Proben in der Furt gewöhn-

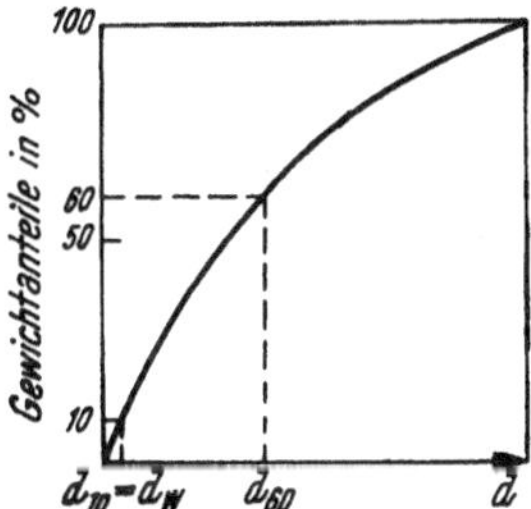

Abb. 19. Bestimmung des Ungleichförmigkeitsgrades aus der Mischungslinie.

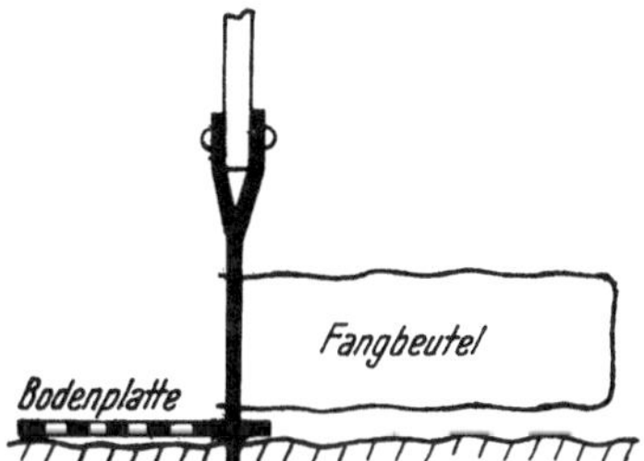

Abb. 20. Geschiebe-Fangbeutel nach *F. Schaffernak.*

lich unter Wasser entnommen werden, ist eine Auswaschung derselben zu verhindern. Bei der Entnahme auf einer Geschiebebank ist die Probe erst nach Entfernung der groben Deckschichte durch Ausheben einer ungefähr 1 m tiefen Grube zu gewinnen und bei vorhandenem Bodenwasser die Auswaschung ebenfalls hintanzuhalten.

Die *Geschiebemenge* wird mit Geräten gemessen, die auf den von *F. Schaffernak* 1908 am Murflusse verwendeten Fangbeutel zurückgehen (Abb. 20). Hieraus haben sich zwei Formen entwickelt, unter andern der Geschiebefangkasten von *A. Born* für die Messung von Feingeschiebe in Flachlandsflüssen (Abb. 21)

---

[1] Hydrographischer Dienst in Österreich: Schwebestoff und Geschiebeaufnahmen einiger österreichischer Flüsse. Wien 1937.

und der Geschiebfangkorb von *L. Mühlhofer* mit Tiefen- und Seitensteuer T_s und S sowie Grundtaster G für die Messung von Grobgeschiebe in Gebirgsflüssen (Abb. 22 und 23).[1]

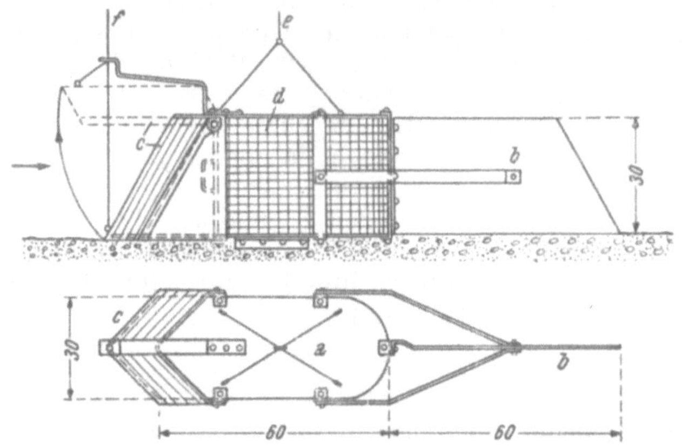

Abb. 21. Geschiebefangkasten nach *A. Born* für Feingeschiebe.

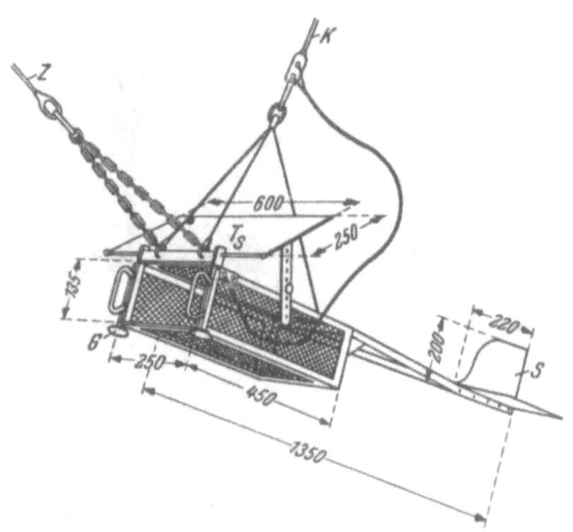

Abb. 22. Geschiebefangkorb nach *L. Mühlhofer* für Grobgeschiebe.

3. Eis. Wenn man das Eis vom Standpunkte der Hydrographie betrachtet, also seinen Einfluß auf das Regime der Wasserführung in geeigneter Weise zahlenmäßig darstellen will, hat man das verschiedenartige Auftreten des Eises auf der Erdoberfläche zu

---

[1] Über Einzelheiten derartiger Meßgeräte siehe: *Schaffernak, F.:* Hydrographie. Wien, 1935, S. 193 u. f. — *Einstein, A. H.:* Die Eichung des im Rhein verwendeten Geschiebefängers. Schweiz. Bauztg. 1937, Nr. 13.

berücksichtigen, weil jede seiner Erscheinungsformen eine andere meßtechnische Behandlung verlangt. Es sind hienach das Gletschereis und das Eisvorkommen in stehenden und fließenden Gewässern gesondert zu behandeln.

Gletschereis. Das Gletschereis spielt im Rückhaltevorgang des Wasserkreislaufes eine wichtige Rolle und daher ist die Kenntnis der Veränderung in den Abmessungen der verschiedenen Gletscher eine der Grundlagen für jene wasserwirtschaftlichen Untersuchungen, die sich auf die Hochgebirgsgebiete erstrecken.

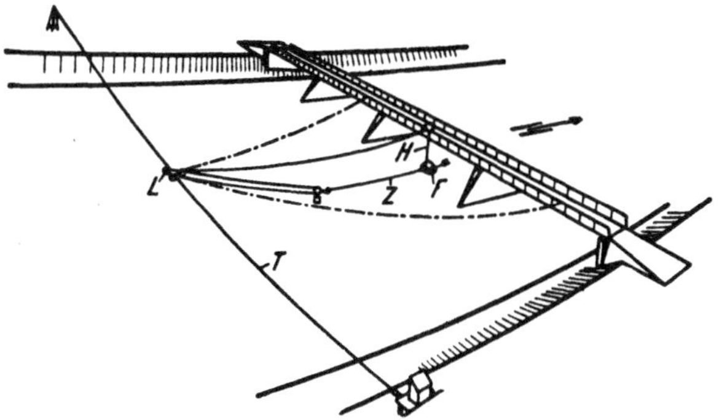

Abb. 23. Einrichtung der Geschiebe-Meßstelle.

Die Umwandlung des Gletschereises in Schmelzwasser, die *Gletscherablation*, ist abhängig von der Lufttemperatur sowie von der Größe des Niederschlages im Gletschereinzugsgebiete. Das Vordringen der Gletscher talabwärts, die Gletscherbewegung, erfolgt unterhalb der Schneegrenze so weit, bis sich ein Gleichgewicht des Nachschubes der Eismassen mit dem Abschmelzen einstellt. In feuchtkühlen und schneereichen Jahren stoßen daher die Gletscherzungen vor, während sie in warmen und trockenen Jahren Rückgänge verzeichnen.

Zur Festlegung des Gletscherregimes sind daher die Geschwindigkeit der Gletscherbewegung, die jährliche Lageänderung und Gletscherzunge sowie auch die Größe der Gletscherquerschnitte festzustellen.

Zur Beurteilung dieser Gletschervermessungsarbeiten ist die Kenntnis der äußersten Werte dieser Bestimmungsstücke von Wichtigkeit. Die Alpengletscher bewegen sich 40 bis 200 m im Jahre talwärts, während die grönländischen Gletscher bis zu 20 m im Tag wandern. Die Zungen der Alpengletscher sind im Rückgange begriffen. Die größte Querschnittsabmessung weist in den Alpen der große Aletschgletscher auf, der eine Mächtigkeit von mehr als 300 m besitzt.

Die Geschwindigkeit der Eisbewegung wird am Vorschub von Holzstäben gemessen, die man in das Gletschereis teilweise versenkt und die man gegenüber leicht erkennbaren Marken auf Felsen oder in Ruhe befindlichen Felsblöcken festlegt.

Die Bestimmung der Größe der Gletscherquerschnitte besteht einerseits in der Messung der Veränderung der Gletscheroberfläche und anderseits in der Ermittlung der Höhenlage des vom Gletscher ausgehobelten Untergrundes. Mit der Messung der Veränderung der Gletscheroberfläche ist, wenn diese Messungen ständig vorgenommen werden, auch die Ablation des Gletschers festgelegt. Die Messung kann entweder mit Hilfe von Holzstäben von etwa 2 m Länge, die in Bohrlöcher eingesenkt werden und deren herausragendes Ende eingemessen oder mit Hilfe von Bohrlöchern, deren Tiefenabnahme bestimmt wird, erfolgen. Beides wird mit *Ablationspegel* bezeichnet und es eignen sich die Bohrlöcher besser, weil keine Beschädigung eintreten kann. Die Verfahren kontrollieren sich gegenseitig, weil sowohl die Vergrößerung der freien Stablänge, wie auch die Tiefenabnahme des Bohrloches der Dickenabnahme der Eisschicht, also der Ablation, entspricht.

Die Lage des festen Gletscherbettes wird entweder durch Bohrungen oder nach dem seismographischen Verfahren festgestellt.

Die Bohrungen werden mittels Stahlbohrern unter Verwendung von Futterrohren und künstlicher Spülung des Bohrloches ausgeführt. Die Bohrarbeit ist mühsam und Mißerfolge bei tiefen Bohrlöchern sind nicht selten.

Bei der seismischen Tiefenbestimmung werden durch Entzünden von Sprengladungen an der Gletscheroberfläche elastische Erschütterungswellen erzeugt, die von der unteren Begrenzung des Eiskörpers zurückgeworfen werden. Aus dem Zeitunterschiede zwischen Sprengung und Eintreffen der reflektierten Schallwelle läßt sich die Tiefe berechnen.

Schließlich muß noch ein indirektes Verfahren zur Bestimmung der wahrscheinlichsten Form und Größe von Gletscherquerschnitten angeführt werden, das sich auf die aufgenommenen Beobachtungswerte der Geschwindigkeit der Gletscherbewegung, der Form der Fließlinien des Eises sowie der Größe der Ablation stützt und das gute Ergebnisse geliefert hat.[1]

Eis in stehenden Gewässern. In stehenden Gewässern bildet sich nur Oberflächeneis, und zwar beginnt die Erstarrung, wenn die Temperatur des Oberflächenwassers bis auf ungefähr $+ 2^0$ C und die mittlere Temperatur des Seewassers unter $+ 4^0$ C gesunken ist. Windstille fördert den Gefriervorgang.

Die Eisdecke bildet eine schützende Schicht für das unterhalb befindliche Wasser und bewahrt es vor weiterer Abkühlung. Das Einfrieren beginnt von den Ufern aus, rückt aber sehr schnell auf

---

[1] *Heß, H.:* Der Hintereisferner 1893—1922, Zeitschr. für Gletscherkunde.

der gesamten Seefläche vor. Die Eisdecke nimmt während des Winters infolge weiterer Wärmeausstrahlung an Stärke zu, bis die Wärmeausstrahlung der Eisfläche ebenso groß wird, wie die Wärmezufuhr aus der umgebenden Luft.

Als hydrographische Zusatzbeobachtung kommen die Beobachtung des Gefriervorganges nach der Zeit, also Bildung und Verschwinden der Eisdecke sowie die Messung der Stärke der Eisdecke in Betracht. Die Stärke der Eisdecke wächst ziemlich langsam, ist in der Regel an den Ufern größer als in der Seemitte und nimmt mit zunehmender Lufttemperatur sowohl von oben, wie auch von unten gleichzeitig ab.

Eis in fließenden Gewässern. In fließenden Gewässern zeigt der Vorgang der Eisbildung ein wesentlich anderes Bild als bei stehenden Gewässern. Die Eisbildung tritt erst ein, wenn die Temperatur der Wassermasse bis auf ungefähr 0^0 C gesunken ist. Sie erfolgt umso später, je tiefer das Gerinne ist und je mehr die Art des Bewegungsvorganges des fließenden Wassers die vollständige Durchmischung der Wassermassen verzögert. Der letzte Umstand ist auch die Ursache, daß kurz andauernde Fröste oft nicht zur Eisbildung an fließenden Gewässern hinreichen.

Nach Abkühlung der gesamten Wassermasse bilden sich mikroskopisch kleine Eisteilchen, die sich zuerst dort zu zusammenhängenden Teilen verbinden, wo die Fließgeschwindigkeit geringer ist und wo sich Stützpunkte für diese kleinsten Teile finden. Die erste Eisbildung findet daher an Uferrändern als Randeis statt, das zusammenhängend und durchsichtig, wie das Eis in stehenden Gewässern ist. Bei Anwachsen der Strömung werden größere Platten losgerissen, es entsteht Treibeis. Dieses wird noch dadurch vermehrt, daß sich bei weiterer Abkühlung auch die an der Wasseroberfläche treibenden Eisteilchen zusammenschließen und zusammenfrieren. Es entsteht hiedurch ein Eisbrei, auch Eistost genannt, der allmählich um Eiskerne festfriert und als scheibenartig geformtes Treibeis abschwimmt.

Wesentlich verschieden in Aufbau und Lagerung ist das Grundeis, das für die großen Flüsse eine wichtigere Rolle spielt als das Randeis. Die oben erwähnten mikroskopisch kleinen Eisteilchen können sich auch unter dem Einflusse orientierender Molekularkräfte im freien Wasser vereinen. Solche Molekularkräfte können von den Kristallisationszentren ausgehen, welche durch die im Wasser enthaltenen Schwebestoffteilchen gebildet werden. Es entsteht ein undurchsichtiges schwammiges Eis, das sich hauptsächlich an der rauhen Sohle festsetzt und das man daher als Grundeis bezeichnet. Derartiges, oft mehrere Meter mächtiges Grundeis vermag sich infolge des Auftriebes von seiner Grundlage loszulösen, schwimmt auf und vermehrt wieder seinerseits den Eistost und damit die Treibeismengen. Beim Hochgehen nimmt es Schlamm und Geschiebestücke mit, wodurch es leicht als Grundeis erkennbar wird.

Starke Schneefälle begünstigen die Eisbildung und spielen eine große Rolle bei der Verkittung der treibenden Eismassen. Ist bei anhaltendem Frost der Fluß in voller Breite mit Eis bedeckt, dann bedarf es nur geringer Anlässe, um die Eismassen zum Stillstand zu bringen. Staubecken sowie Flußverengungen durch Brückenpfeiler und Schotterbänke, scharfe Krümmungen sowie Mündungen in Seen können die Bildung von Eisstößen veranlassen.

Die zu Tal treibenden Schollen sammeln sich, schieben sich schuppenförmig übereinander und die entstandene Eisbarre, der

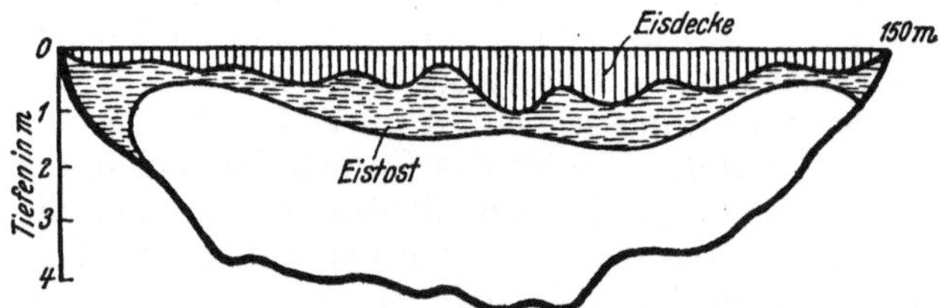

Abb. 24. Eisbildung am Memelfluß im Jahre 1927.

Eisstand oder Eisstoß, baut sich flußaufwärts vor mit einer Geschwindigkeit, die oft mehrere Kilometer in der Stunde beträgt. Im Augenblicke der Bildung der Eisbarre wird diese plötzlich, oft um mehrere Meter, gehoben, weil das Wasser nicht mehr mit freiem Wasserspiegel fließt, sondern sich unter Druck in einem geschlossenen Querschnitt mit großer Wandrauhigkeit bewegen muß.

Die Eisdecke bildet einen Wärmeschutz, daher schwimmt das am Flußgrunde gelagerte Grundeis auf und legt sich an die Eisdecke in Form von Eistost an; eine weitere Grundeisbildung findet nicht mehr statt (Abb. 24).

Tritt Tauwetter ein, dann beginnt der Eisaufbruch, auch Eisstoßabgang genannt, der sich meist entgegen der Richtung seiner Bildung, also flußab, vollzieht. Es kann an anderen Stellen wieder zu Eisversetzungen kommen, wobei neuerdings Zusammenschiebungen und starke Wasserstandshebungen und damit katastrophale Überschwemmungen des Vorlandes vorkommen können.

Über Eisstoßaufbau wie Abgang geben die Ganglinien der Wasserstände, in denen man gewöhnlich auch die Größe des Eistriebes verzeichnet, die besten Anhaltspunkte (Abb. 25).

Für die Beurteilung der Vorgänge der Eisbewegung in fließenden Gewässern vom hydrographischen Standpunkte aus werden die Angaben über die Größe des Eistreibens, das ist der Eistrieb, die Eismenge und die Beschreibung des nach Ort, Zeit und Mächtigkeit wechselnden Aufbaues des Eisstoßes wie des Eisstoßabganges benötigt.

Der *Eistrieb e* wird in einem bestimmten Durchflußprofil
nach Zehntel der Flußbreite geschätzt, wobei die Stärke der
treibenden Schollen unberücksichtigt bleibt. Ein Eistrieb von
$e = 3/10$ besagt, daß bei einer gedachten vollständigen Zusammen-
schiebung der Eisschollen, ohne daß jedoch Überdeckung eintritt, diese 3/10 der Wasserspiegelbreite des Durchflußprofils be-
decken würden.

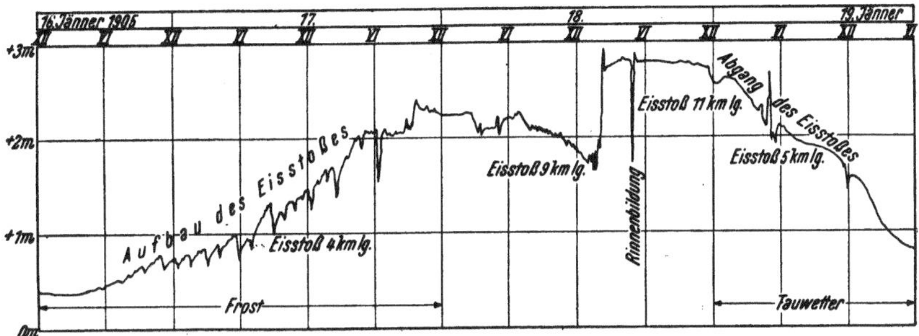

Abb. 25. Wasserstandsganglinie des Inn bei Wernstein während des Eisstoßes im Jänner 1905.

Die *Eismenge E*, die sich in der Zeiteinheit bei einer mittleren
Fließgeschwindigkeit des Wassers u_m durch ein Durchflußprofil
von der Breite B hindurchschiebt, ist, wenn wieder die Eisstärke
unberücksichtigt bleibt, angenähert

$$E = e\,B\,u_m.$$

Die *Mächtigkeit* des Eisstoßes, das ist die Stärke der Eisdecke
an verschiedenen Punkten der Eisbarre, wird durch Bohrungen
festgestellt.

IV. Begriffsfestlegung für die Geschiebebewegung.

1. Schleppkraft. Die Umfangskraft, die auf die Flächeneinheit des Flußbettes wirkt, nennt man Schleppkraft oder
Räumungskraft. Ihre Größe S wird wie folgt berechnet:

Bei *gleichförmiger Wasserbewegung* ist der Wasserspiegel parallel
zur Sohle und das relative Wasserspiegelgefälle $J_W = \sin \alpha$ ist
dann gleich dem relativen Reibungsgefälle J_R. Ist die Wassertiefe h, das Einheitsgewicht des Wassers γ_W, dann beträgt das
Gewicht eines prismatischen Wasserkörpers von der Grundfläche
„Eins" (Abb. 26).

$$G = h\,\gamma_W\,1.$$

Die Komponente der Schwerkraft, welche die Bewegung dieses
Wasserteilchens flußab bewirkt, ist

$$\gamma_W\,h \sin \alpha = \gamma_W\,h\,J_W = \gamma_W\,h\,J_R.$$

Die an der Sohle entgegengesetzt wirkenden Reibungskräfte müssen bei gleichförmiger Bewegung dieser Komponente das Gleichgewicht halten. Es wirkt daher als Umfangskraft, bezw. als Schleppkraft

$$S = \gamma_W \, h \, J_W.$$

Da für Wasser $\gamma_W = 1\,000$, folgt

$$S = 1\,000\, h\, J_W \ldots \text{kg/m}^2,$$

wenn h in m eingesetzt wird.

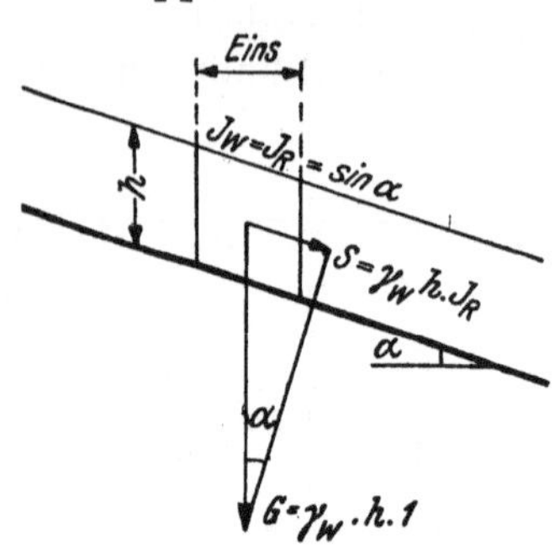

Abb. 26. Allgemeine Ermittlung der Schleppkraft.

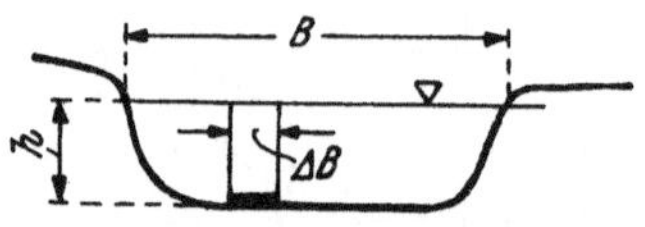

Abb. 27. Ermittlung der Schleppkraft am Gesamtumfang des Flußbettes.

Die auf den Gesamtumfang des Querschnittes F und die Flußlänge „Eins" wirkende Schleppkraft beträgt (Abb. 27)

$$S_F = \sum_{0}^{B} (S \cdot \varDelta B) = 1\,000 \sum_{0}^{B} (h\, J_W \cdot \varDelta B) =$$
$$= 1\,000\, J_W \, h_m \, B = 1\,000\, F\, J_W \ldots \text{kg/m},$$

z. B. Donau bei Wien:

bei $M\,W$ ist $J_W \doteq J_R = 0{,}00046$, $h_m = 3{,}60$, $B \doteq 270$ m, also
$$S = 1\,000 \cdot 0{,}00046 \cdot 3{,}60 = 1{,}66 \text{ kg/m}^2$$
und
$$S_F = 1\,000 \cdot 0{,}00046 \cdot 3{,}60 \cdot 270 = 477 \text{ kg/m},$$
bei $K\,H\,W$ ist
$$J_W \doteq J_R = 0{,}00038, \; h_m = 11{,}0 \text{ m}, \; B \doteq 270 \text{ m (im Stromschlauch)},$$
$$S = 1\,000 \cdot 0{,}00038 \cdot 11{,}0 = 4{,}18 \text{ kg/m}^2.$$
$$S_F = 1\,000 \cdot 0{,}00038 \cdot 11{,}0 \cdot 270 = 1\,129 \text{ kg/m}.$$

Bei ungleichförmiger stationärer Bewegung ist $J_W = J_R + J_B$, worin $J_R =$ Reibungsgefälle und $J_B =$ Trägheitsgefälle.

Es folgt somit

$$S' = 1\,000\, h\, J_R = 1\,000\, h\, (J_W - J_B)$$

und weil $J_B = d\,(u_m{}^2/2\,g) : dx$, weiters die Schleppkraft

$$S' = 1\,000\, h\, [J_W - d\,(u_m{}^2/2\,g) : dx] \ldots \text{kg/m}^2.$$

Verfolgt man den Vorgang der Bewegung der Geschiebestücke, dann läßt sich näherungsweise jene Schleppkraft feststellen, bei der die Geschiebebewegung *allgemein* einsetzt. Man nennt diesen Schleppkraftwert *Grenzschleppkraft*, dem die *Grenzdurchflußmenge* zugeordnet werden kann. Diese Begriffe sind strenge genommen nur für Geschiebe gleicher Korngröße anwendbar und unter dieser Voraussetzung versuchstechnisch bestimmbar.

Unter Umständen kann für schätzungsweise Angaben über den Sohlenangriff auch die *Sohlengeschwindigkeit* u_s, jene Fließgeschwindigkeit, die in der Nähe der Flußsohle herrscht, Verwendung finden. Ihre näherungsweise Größe wird der Verteilungslinie der Geschwindigkeiten entnommen, wie dies Abb. 28 zeigt.[1]

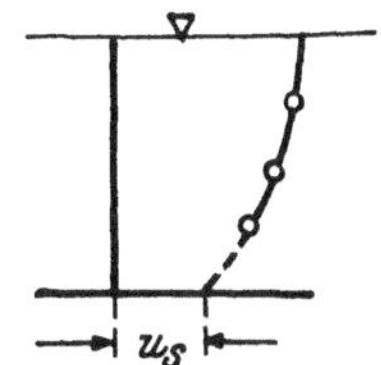

Abb. 28. Sohlengeschwindigkeit u_s.

2. Geschiebetrieb und Geschiebemenge. Jene Menge G des Geschiebes (in kg/sek oder m³/sek), die in der Zeiteinheit in der Einheit der Flußbreite gefördert wird, nennt man *Geschiebetrieb*.

Jene Menge M des Geschiebes (in kg/sek oder m³/sek), die in der Zeiteinheit in der Sohlenbreite b, in der Geschiebetrieb überhaupt möglich ist, gefördert wird, nennt man *Geschiebemenge* (Analogon zur Durchflußmenge). Daher Geschiebemenge

$$M = \overset{b}{\underset{0}{\Sigma}} G \cdot \varDelta b,$$

deren Ermittlung auf Grund von Naturaufnahmen, empirischen oder theoretischen Formeln erfolgt.

a) **Aufnahmen in der Natur**: Sie erfolgen mit Fanggeräten, wie sie auf Seite 16 beschrieben sind. Derartige Aufnahmen, für verschiedene Wasserstände ausgeführt, ergeben dann die Geschiebemengenlinie (Abb. 29)

$$M = f(h_p),$$

(Analogon zur Durchflußmengenlinie).

b) **Empirische Formeln**: Nach *A. Schoklitsch*[2] beträgt für *korngleiches Material* von der Korngröße d der Geschiebetrieb:

$$G_d = \frac{7\,000}{d^{0,5}} J_W^{1\cdot5} (q - q_g) \ldots \text{ in kg/sek,}$$

worin d = Korngröße in mm,

$\quad q$ = Durchflußmenge in der Breiteneinheit in m²/sek,

$\quad q_g$ = Grenzdurchflußmenge in der Breiteneinheit

---

[1] *Schaffernak F.*: Neue Grundlagen für die Berechnung der Geschiebeführung in Flußläufen. Wien 1922.

[2] *Schoklitsch, A.*: Geschiebebewegung in Flüssen und Stauwerken. Wien 1926.

Nach Versuchen der Versuchsanstalt für Wasserbau in Zürich ist für *gemischtes* Material vom mittleren Korndurchmesser d der Geschiebetrieb G zu ermitteln aus[1]

$$\frac{J_R\, q^{2/3}}{d\, \gamma_g^{10/9}} = 9{,}57 + 0{,}462\, \frac{G}{d\, \gamma_g^{7/9}},$$

worin bedeutet:

J_R = Energieliniengefälle = Reibungsgefälle,
q = Durchflußmenge in der Breiteneinheit in kg/sek,
d = mittlerer Korndurchmesser in m,
G = Geschiebetrieb in kg/sek, aber unter Wasser gewogen,
γ_g = Einheitsgewicht des Geschiebes in kg/dm, aber unter Wasser gewogen.

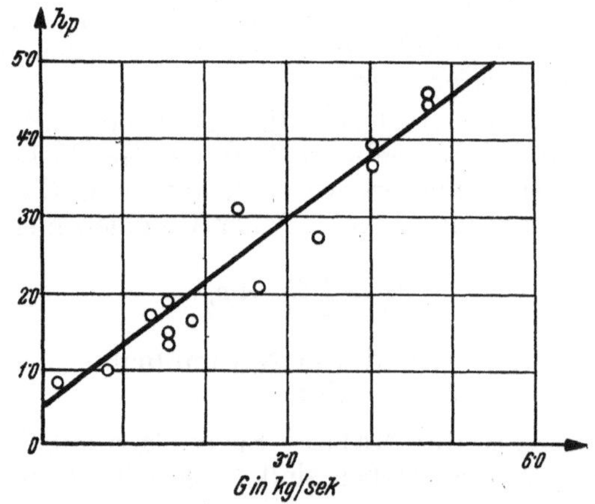

Abb. 29. Geschiebemengenlinie der Weichsel bei Thorn.

c) Theoretische Formeln: Z. B. nach *Du Boys:*

$$G = a\, S\, (S - S_g),$$

worin S die herrschende Schleppkraft, S_g die Grenzschleppkraft und a ein Erfahrungsbeiwert ist. Diese Formel hat nur historische Bedeutung.

3. Geschiebefracht ist jene Menge F_g des Geschiebes (in t oder m³), die im Verlauf eines Zeitabschnittes $t_1 - t_2$ durch das Flußprofil gefördert wird.

$$F_g = \sum_{t_1}^{t_2} \sum_{0}^{B} (G \cdot \varDelta B \cdot \varDelta t) = \sum_{t_1}^{t_2} (M \cdot \varDelta t).$$

---

[1] *Meyer - Peter, E., Hoeck, E., Müller, R.:* Internationale Rheinregulierung. Schweiz. Bz. 1937, Bd. 109, Nr. 16/18.

Vorstehende Summation wird am besten mit Benützung der Geschiebemengendauerlinie durchgeführt (Abb. 30). In einem Achsenkreuz werden nach rechts die Dauer, nach oben die Pegelstände, nach links und nach unten die Geschiebemenge aufgetragen und die Benetzungsdauerlinie sowie die Geschiebemengenlinie eingezeichnet.

Zu einem gewählten Wasserstand $h_{p,1}$ ergibt sich in der Pfeilrichtung a—b—c über die Benetzungsdauerlinie und der als bekannt vorausgesetzten Geschiebemengenlinie ein Punkt c

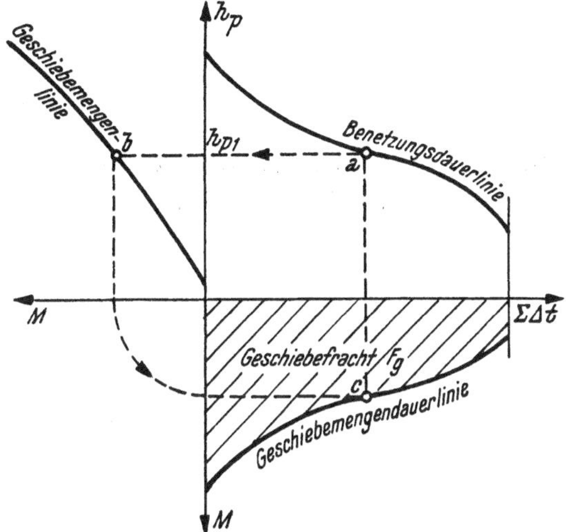

Abb. 30. Graphische Ermittlung der Geschiebefracht.

der zugehörigen Geschiebemengendauerlinie. Die Geschiebemengendauerlinie und das Achsenkreuz schließen eine Fläche ein, welche die gesamte, im betrachteten Zeitabschnitte durchlaufende Geschiebemenge, also die *Geschiebefracht F_g* angibt. Ist der Zeitabschnitt ein Jahr, dann spricht man von der Jahresgeschiebefracht $F_{g,365}$.

Die Größe der Geschiebefracht kann auch unmittelbar aus Naturaufnahmen oder mittelbar mit Hilfe von empirischen Formeln erfolgen.

a) **Aufnahme in der Natur.** Durch Messung der Zunahme des Verlandungsdeltas in Seen oder Staubecken erhält man die Geschiebefracht in der Verlandungszeit. Entnahmen von Proben des abgelagerten Materials sind notwendig, um mittels Bodenanalysen den Anteil an Schwebestoffen feststellen zu können.

b) **Empirische Formeln.** Nach *A. Schoklitsch* beträgt die Geschiebefracht im Zeitabschnitt t_1—t_2

$$F_g = \frac{7\,000}{0{,}65\,\gamma_g\,D^{0{,}5}}\,J_W^{1{\cdot}5}\,b\,\sum_{t_1}^{t_2}(q - q_g)\,\varDelta t \;\dots\; \text{in m}^3.$$

b = Sohlenbreite, in der die Geschiebebewegung überhaupt möglich.
D = Ersatzkorngröße in *mm*, d. i. die Korngröße jenes einheitlich gekörnten Geschiebes, das unter gleichen Verhältnissen die gleiche Geschiebefracht ergeben würde wie das Geschiebegemisch.
γ_g = Eigengewicht des geschiebebildenden Gesteins in kg/m³.
D ist zu berechnen aus

$$G_D = a\,G_{d,1} + b\,G_{d,2} + c\,G_{d,3} + \dots,$$

worin a, b, c, ... die Prozentanteile der Mischungsstufen.

V. Methoden der morphologischen Untersuchungen.

Sie gliedern sich in:

A. Graphisches Rechnen mit Geschiebefracht, z. B. bei $\left\{\begin{array}{l} \text{1. Wasserentzug.} \\ \text{2. Einengung.} \end{array}\right.$

B. Graphische Bestimmung der Umbildung, z. B. bei $\left\{\begin{array}{l} \text{3. Kürzung.} \\ \text{4. Geschiebeentzug.} \end{array}\right.$

C. Wasserbauliche Modellversuche

a) Modellversuche über den Wirkungssinn, z. B. für die Formung von Buhnen- oder Brückenpfeilerköpfen.

b) Extrapolationsversuche, z. B. für die Ermittlung der Kolkwirkung von Wehrobjekten.

c) Modellversuche mit hydraulisch-morphologischer Ähnlichkeit bei durchlaufenden Flußbauten.

A. Graphisches Rechnen mit Geschiebefrachten.[1]

1. Wasserentzug. Zur Ermittlung der Wirkung des Wasserentzuges in der Entnahmestrecke einer Wasserkraftanlage mit einem *Einfang ohne Wehr* (freier Einfang) auf das Geschieberegime geht man folgendermaßen vor (Abb. 31).

In einem Achsenkreuz wird nach oben die Geschiebemenge, nach rechts die Dauer, nach links der Wasserstand und nach unten die Wassermenge aufgetragen. Dann zeichnet man die Geschiebemengenlinie und die Wassermengenlinie ein. Aus der

---

[1] *Schaffernak, F.:* Neue Grundlagen für die Berechnung der Geschiebeführung in Flußläufen. Wien 1922. — Die Wirkung des Ausbaues von Großwasserkraftanlagen auf das Flußregime. Die Wasserwirtschaft, Wien 1924, H. 15 u. 16. — Beitrag zur Frage der Ausgestaltung der Donau als Kraftwasserstraße. Die Wasserwirtschaft, Die Wasserkraft, München 1926, H. 21—23.

Wassermengendauerlinie kann, wie schon auf S. 25 gezeigt, die Geschiebemengendauerlinie für den ursprünglichen Bestand (1) ermittelt werden.

Eine angenommene Wassermenge Q_1 besitzt den Wasserstand $h_{P,1}$, die Geschiebemenge M_1 und die Dauer $\Sigma \Delta t_1$, was aus dem Linienzug a—b—c—d—e entnommen werden kann.

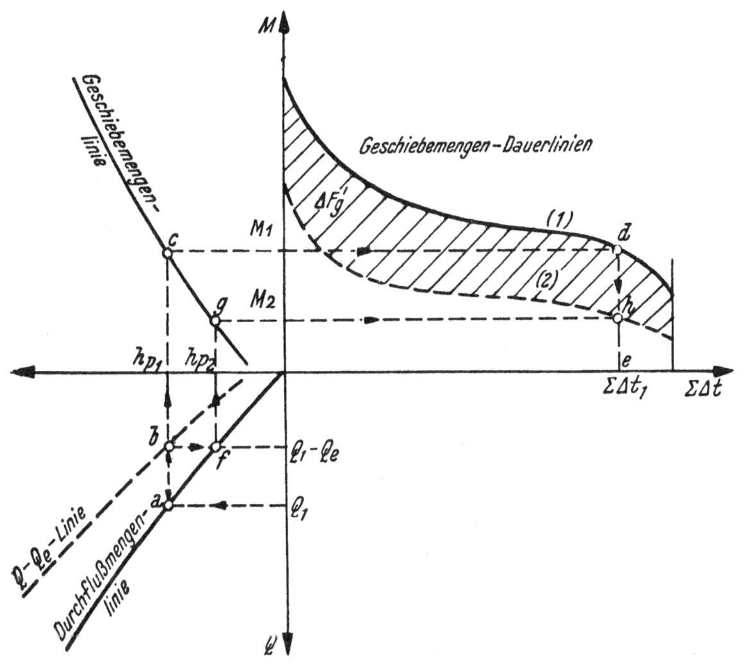

Abb. 31. Graphische Ermittlung der Verminderung der Geschiebefracht in der Entnahmestrecke einer Wasserkraftanlage mit freiem Einlauf.

Nach Entzug von Q_e vermindert sich die Durchflußmenge in der Entnahmestrecke auf $Q_1 - Q_e$; diesem Durchfluß entspricht der Wasserstand $h_{P,2}$ und die Geschiebemenge M_2 (Linienzug: a—b—f—g—h).

Die Durchflußmengen Q_1 und $Q_1 - Q_e$ besitzen gleiche Dauer $\Sigma \Delta t_1$, daher ist h ein Punkt der Geschiebemengendauerlinie des Bestandes (2), das ist nach dem Entzug. Dieses Verfahren mehrmals wiederholt, führt zur Geschiebemengendauerlinie des Bestandes (2).

Die von den beiden Geschiebemengendauerlinien begrenzte Differenzfläche (schraffiert) ist dann jene Geschiebefracht $\Delta F_g'$, welche durch die Entnahmestrecke nicht mehr hindurchgeschleppt werden kann. $\Delta F_g'$ würde also im untersuchten Zeitabschnitte in der Entnahmestrecke liegen bleiben und auch die Flußsohle heben. Weil aber eine Sohlenhebung wegen Hebung des Hochwasserspiegels und Hebung des Grundwasserspiegels schädliche Folgen hat, so muß an deren Beseitigung gedacht werden. Diese erfolgt durch Baggerung (hohe dauernde Kosten) oder, wie unten gezeigt, selbsttätig durch eine künstliche Einengung der Entnahmestrecke.

Infolge der Ablagerung von $\Delta F_g'$ in der Entnahmestrecke fehlt dieses Material im Flußabschnitte flußabwärts der Wasserrückgabe;

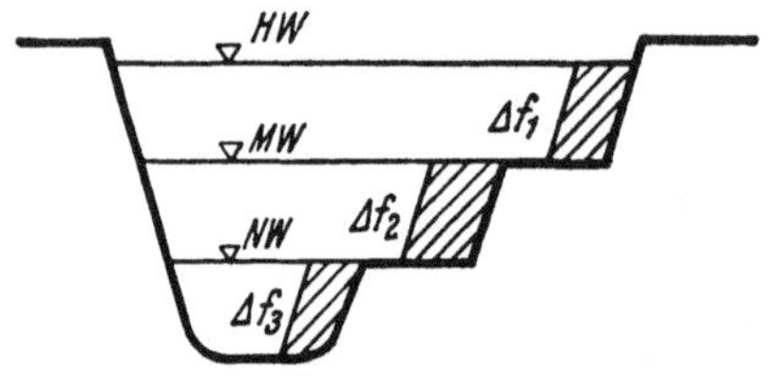

Abb. 32. Praktische Möglichkeiten der Einengung eines Flußquerschnittes.

hier wird sich daher eine Eintiefung der Sohle einstellen, die jedoch rückgängig ist.

Ist ein *Einfang mit Wehranlage* (gesicherter Einfang) vorhanden, dann hat man im Umbildungsvorgang drei Ausbildungsphasen zu unterscheiden.

In der ersten Umbildungsphase tritt Auffüllung des Stauraumes flußaufwärts des Wehres und gleichzeitig Eintiefung in der Entnahmestrecke und in der Flußstrecke flußabwärts des Rückgabeprofils ein. In der zweiten Umbildungsphase, die nach beendigter Auffüllung des Stauraumes beginnt, bilden sich die Eintiefungen in den beiden bezeichneten Flußstrecken allmählich zurück. In der dritten Umbildungsphase, die mit der Erreichung der alten Gleichgewichtslage in der Flußstrecke flußab der Rückgabe beginnt, setzt sich die Hebung in der Entnahmestrecke bis zur Einstellung einer neuen Gleichgewichtslage fort.

2. Einengung. Flußregulierungen werden auf Niederwasser, Mittelwasser oder Hochwasser durchgeführt. Dies bedingt eine Dreiteilung des Flußbettes, wie sie der Flußquerschnitt in Abb. 32 zeigt. Da die Böschungen gesichert werden, kann sich der Fluß nur in der Sohle umbilden. Man kann nun, wie schraffiert angedeutet, das Hochwasserprofil, das Mittelwasserprofil oder das Niederwasserprofil einengen um Δf_1, Δf_2, bezw. Δf_3. Die rascheste Wirkung in Bezug auf die Umbildung erzielt die Einengung auf den sogenannten *bettbildenden* Wasserstand, das ist die Ausführung von Einengungsbauten (Leitwerke oder Buhnen), deren Krone auf diesen Wasserstand angelegt wird.

Es ist demnach für die einzuengende Strecke vorerst der bettbildende Wasserstand zu ermitteln (Abb. 33). Hiezu zeichnet man für ein mittleres Querprofil der einzuengenden Flußstrecke die Häufigkeitslinie der Wasserstandsstufen. Dann fügt man in das gewählte Achsenkreuz die Geschiebemengenlinie ein. Für einen Wasserstand $h_{P,1}$ folgt hieraus die Geschiebemenge M_1 und deren Häufigkeit bzw. Dauer Δt_1. Das Produkt $M_1 \cdot \Delta t_1$ ergibt die Geschiebefracht, die, in entsprechendem Maßstabe auf-

getragen, den Punkt *a* ergibt. Auf gleiche Weise werden weitere
Punkte *a′, a″* ... erhalten, deren Verbindung die Häufigkeitslinie
der Geschiebemengen (gestrichelt) darstellt.

Die zur h_P-Achse parallele Tangente an diese Häufigkeitslinie
führt zu jenem Wasserstand $h_{P}′$, in dessen Stufe in einem bestimmten Zeitabschnitte die größte Geschiebefracht gefördert

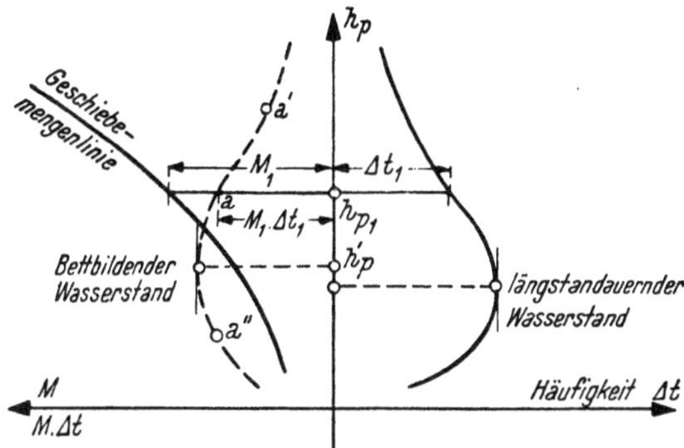

Abb. 33. Graphische Ermittlung des
bettbildenden Wasserstandes.

wird. Die Umbildung wird daher bei diesem Wasserstande am
raschesten vor sich gehen; er ist also der gesuchte bettbildende
Wasserstand.

Der bettbildende Wasserstand liegt ungefähr in der Höhe des
längstandauernden Wasserstandes und des Mittelwasserstandes.
Daraus folgt, daß zur Erreichung einer rasch wirkenden Maßnahme hinsichtlich Umbildung der Flußsohle die Bauwerkskrone
auf Mittelwasserhöhe zu legen ist. Angewendet wird dieser auch
durch die Erfahrung bestätigte Grundsatz im Flußbau, wo man
bei *Regulierungen auf Umbildung* grundsätzlich eine *Mittelwasser-
regulierung* durchführt.

Die graphische Lösung der Frage, in welchem Maße sich die
Geschiebefracht infolge der Einengung erhöht, erfolgt in der in
Abb. 34 angegebenen Weise. Bekannt sind die aus dem ursprüng-
lichen Bestande (1) sich ergebende Geschiebemengenlinie (1),
Geschiebemengendauerlinie (1) und Durchflußmengenlinie (1)
Aus dem vorläufig vorgeschlagenen neuen Bestande (2), bei dem
die Einengung Δf_2 in Mittelwasserhöhe ohne Verringerung der
Sohlenbreite erfolgt, kann rechnerisch die neue Durchflußmengen-
linie (2) ermittelt werden aus:

$$Q = u_m \, (F - \Delta f_2) = \lambda \, J_R^{0,5} \, R^{0,7} \, (F - \Delta f_2) =$$

$$= \lambda \left(\frac{F - \Delta f_2}{U} \right)^{0,7} J_R^{0,5} \, (F - \Delta f_2).$$

Die Geschiebemengenlinie bleibt unverändert, weil gemäß Annahme die Sohlenbreite nicht geändert wird.

Für einen Wasserstand $h_{P,1}$ ergibt sich über die Geschiebemengenlinie die zugehörige Dauer $\Sigma \Delta t_1$. Wird eingeengt, dann steigt der Wasserspiegel auf $h_{P,2}$, damit erhöht sich die Geschiebemenge auf M_2. Da beide Wasserstände gleiche Dauer besitzen, ist m ein Punkt der Geschiebemengendauerlinie für den

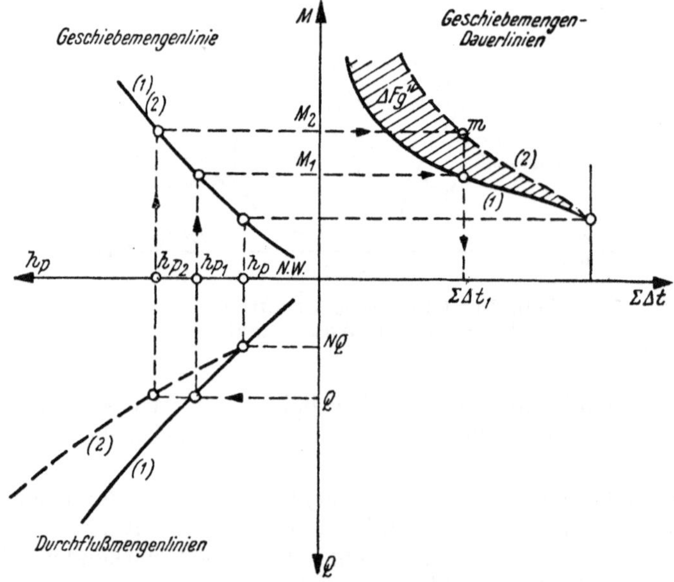

Abb. 34. Graphische Ermittlung der Vergrößerung der Geschiebefracht durch Einengung.

neuen Bestand (2). Dieses Verfahren, für mehrere Wasserstände wiederholt, führt zur Geschiebemengendauerlinie für den Bestand (2). Die Fläche zwischen ihr und jener für den Zustand vor der Einengung ergibt die Änderung der Geschiebefracht $\Delta F_g''$.

Es kann, wie schon erwähnt, die eintiefende Wirkung einer Einengung aber auch als Maßnahme gegen die Hebung der Flußsohle in der Entnahmestrecke, hervorgerufen durch Wasserentzug, angewendet werden. Zur Untersuchung, ob das vorgeschlagene Maß der Einengung genügt, um die Hebung zu verhindern, hat man sich zu überzeugen, ob die durch die Einengung erzielte Erhöhung der Geschiebefracht $\Delta F_g''$ gleich der durch den Wasserentzug verringerten Geschiebefracht $\Delta F_g'$ ist. Dabei ist besonders darauf hinzuweisen, daß $\Delta F_g''$ für die Durchflußmenge $(Q - Q_e)$ zu berechnen ist.

B. Graphische Bestimmung der Umbildung der Flußsohle.

3. Kürzung. Ein Flußlauf, der im Grundriß mehr oder weniger starke Mäanderbildung zeigt, werde durch die Ausführung eines Durchstiches nach der Linie $A — B$ gestreckt (Abb. 12). Damit wird die ursprüngliche Länge L_1 des Flusses auf die Länge L_2 gekürzt. Die Herstellung eines solchen Durchstiches erfolgt in der Weise, daß unter dem Schutze eines provisorischen Dammes

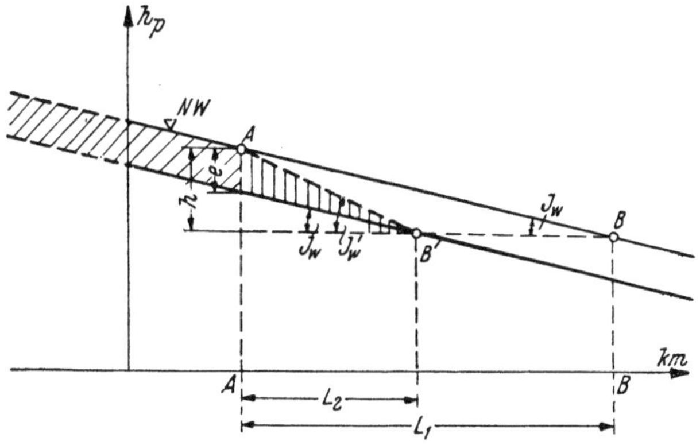

Abb. 35. Graphische Ermittlung der Eintiefung bei Flußkürzung.

bei A in der Linie des neuen Bettes ein Leitkanal ausgehoben wird. Nach Fertigstellung wird der Abschlußdamm durchstochen, worauf das Wasser einfließt und durch seine Schleppkraft den schmalen Leitkanal allmählich auf die vorgesehene Flußbreite erweitert (s. S. 110).

Zur näherungsweisen Ermittlung der Umbildung zeichnet man von der ursprünglichen Flußstrecke das Längenprofil $A — B$ und fügt das Längenprofil der neuen Flußstrecke $A — B'$ so ein, daß dessen Endpunkt B' die Höhenlage von B beibehält (Abb. 35). Denkt man sich den Leitkanal vollständig fertiggestellt und das Wasser eingelassen, dann wird die im ursprünglichen Flußlauf herrschende Schleppkraft im Leitkanal gesteigert, weil das Wasserspiegelgefälle sich von h/L_1 auf h/L_2 erhöht. Damit wird die Geschiebefracht ebenfalls gesteigert, was zur Folge hat, daß aus der neuen Flußstrecke Geschiebe entnommen wird. Die hiedurch hervorgerufene Eintiefung wird so lange zunehmen, bis ein neuer Gleichgewichtszustand erreicht ist. Dieser tritt bei jenem Gefälle ein, bei welchem die gleiche Schleppkraft erzeugt wird, wie früher, das heißt, bis sich wieder das ursprüngliche Gleichgewichtsgefälle h/L_1 ausgebildet hat.

Zeichnet man die diesem Gefälle entsprechende Gefällslinie von B' ausgehend ein, dann sieht man, daß im neuen Flußlauf die Eintiefung bei B von Null beginnend bis zur Größe e im oberen Anschlußpunkte A zunimmt. Es wird demnach aus dem neuen Flußlaufe der lotrecht schraffierte Keil abgetragen. Dabei setzt sich die Änderung der Sohlenlage noch über A hinaus fort. Diese Eintiefung wird sich aber nicht bis zur Quelle hinauf erstrecken, weil beim Abtransport des Geschiebes aus der oberen Flußstrecke eine Entmischung des Sohlenmaterials eintritt, die zu einer selbsttätigen Pflasterung der Flußsohle führt, welche wieder einen größeren Widerstand gegen einen Sohlenangriff durch die Schleppkraft des Wassers bewirkt.

Wird ein Flußlauf an mehreren Flußabschnitten gekürzt, dann stellt sich im obersten Abschnitt eine Eintiefung ein, deren Größe sich aus der Summierung sämtlicher Einzeleintiefungen ergibt; dabei beginnt die Eintiefung an der untersten Kürzungsstrecke und schreitet flußaufwärts weiter.

Die eintiefende Wirkung von Flußkürzungen kann große Ausmaße annehmen. So weist der Murfluß flußabwärts von Graz, wo er auf eine Strecke von 90 km um 12 km, d. i. um 13% gekürzt worden ist, stellenweise eine Eintiefung bis fast 5 m auf.

4. Geschiebeentzug. Wasserkraftanlagen mit freiem Einfang sind selten, weil sie den Nachteil besitzen, daß die Wasserspiegelhöhe im Einfangprofil, die vom Wasserstand im Mutterflusse abhängig ist, schwankt. Um eine Haltung dieser Wasserspiegelhöhe (Stauziel) und damit auch der Spiegelhöhe im Oberwassergraben zu erreichen, wird ein gesicherter Einfang mittels eines Wehres ausgeführt. Die exakteste Einhaltung des Stauzieles und damit Regulierung der Wasserführung bewirkt ein bewegliches Wehr.

Hinsichtlich der Geschiebeführung ist die Wirkungsweise bei freien Einfängen bereits beim Wasserentzug besprochen worden. Bei gesicherten Einfängen mit *festen* Wehren erfolgt während der ersten Ausbildungsphase ein *vollkommener* Geschiebeentzug, dessen Umfang durch die gesamte Geschiebefracht des Flußlaufes im ursprünglichen Zustande bestimmt ist.

Bei gesicherten Einfängen mit *beweglichen* Wehren wird die Förderung des Geschiebes nur dann vollkommen verhindert, wenn das bewegliche Wehr geschlossen ist. Bei teilweiser oder gänzlicher Öffnung des Wehres tritt Geschiebeförderung ein. Bewegliche Wehre bewirken demnach nur einen *teilweisen* Geschiebeentzug. Der Vorgang und das Umbildungsergebnis bei diesem Geschiebeentzug ist in Abb. 36 dargestellt.

In den Fluß, dessen Sohle die Gleichgewichtslage $S - S$ besitzt, werde ein kombiniertes Wehr, d. i. ein solches, dessen unterer Teil fest ist und auf dem eine bewegliche Konstruktion, etwa eine Schütze, aufruht, eingebaut. Durch entsprechende Betätigung der Schütze wird der Wasserspiegel in Höhe des Stauzieles erhalten und damit ein Rückstau erzeugt, der praktisch bei B endigt.

Infolge der Geschwindigkeitsverminderung wird am oberen Ende des Rückstaues Geschiebe abgesetzt und zwar zu oberst das gröbere und flußabwärts, entsprechend der abnehmenden Geschwindigkeit bezw. Schleppkraft, immer kleineres Korn. Die

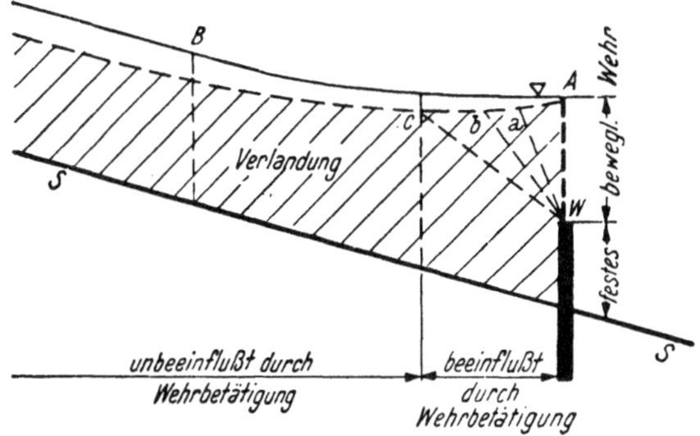

Abb. 36. Umbildung in der Staustrecke einer
kombinierten Wehranlage.

Auflandung, die im Querprofile B entsteht, wirkt ebenfalls wie ein Wehr und erzeugt damit auch eine Hebung der Flußsohle, die flußaufwärts fortschreitet.[1]

Am Schlusse des Umbildungsvorganges würde, wenn die Schütze nicht betätigt wird, der ganze Stauraum bis zur Wehrkrone A verlandet sein. Erfolgt aber eine Hebung des Wehrverschlusses, dann wird aus dem Verlandungsraume das abgelagerte Geschiebe teilweise weggespült. Je länger die Freilegung andauert und in je größerem Ausmaße sie vorgenommen wird, desto mehr Geschiebe wird abgetrieben und die Flußsohle nimmt eine immer flachere Lage a, b und schließlich c an, woraus hervorgeht, daß die Form des Verlandungskörpers flußaufwärts des Punktes c der Staustrecke ganz unabhängig davon ist, ob ein festes oder ein bewegliches Wehr errichtet wird. Mit einem beweglichen Wehr ist man also ohne Opfer an nutzbarer Energie nicht in der Lage, die Verlandung vollständig zu verhindern. Man erreicht durch den Einbau eines beweglichen Wehres lediglich, daß die Verlandungsdauer des Rückstauraumes gegenüber jener bei einem festen Wehr vergrößert wird.

Wie schon mehrmals erwähnt, erzeugt der Geschieberückhalt wehraufwärts nur so lange eine Eintiefung wehrabwärts, als die gänzliche Auffüllung des Stauraumes noch nicht erfolgt ist. Vom Zeit-

---

[1] *Schocklitsch, A.:* Stauraumverlandung und Kolkabwehr. Wien 1935.

punkte dieser gänzlichen Auffüllung angefangen erfolgt flußabwärts des Stauwerkes eine Rückbildung zur alten Gleichgewichtslage.

Das graphische Verfahren zur Ermittlung des Grades des *teilweisen Geschiebeentzuges* durch ein Schützen-Wehr wird in der Abb. 37 für jenen Fall behandelt, bei dem der feste Wehrteil nur aus einer niedrigen Sohlschwelle besteht, eine Ausführungsform, wie sie die meisten neuzeitlich gebauten Wehre aufweisen. Das

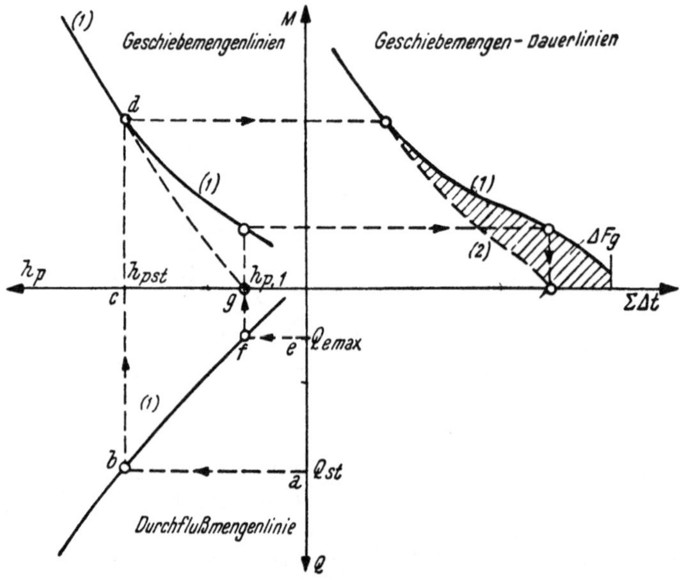

Abb. 37. Graphische Ermittlung des teilweisen Geschiebe-entzuges durch ein Schützenwehr.

Verfahren wird ebenfalls nach dem bisher erläuterten Schema ausgeführt, bei dem es auf die Ermittlung der Änderung der Dauerlinie der Geschiebemengen, hervorgerufen durch die Änderung der Geschiebemengenlinie, ankommt.

Der Bestand (1), also der natürliche Flußzustand, ist durch die Durchflußmengenlinie (1), Geschiebemengenlinie (1) und Geschiebemengendauerlinie (1) gekennzeichnet. Der Bestand (2) nach Einbau des Schützen-Wehres ändert nichts an der Durchflußmengenlinie, so lange das Wehr vollkommen geöffnet ist. Wird das Wehr betätigt, dann tritt eine Änderung der Geschiebemengenlinie und damit auch der Geschiebemengendauerlinie auf die Formen (2) ein.

Für die zeichnerische Ermittlung der Geschiebemengenlinie für den Bestand (2) gelten folgende Überlegungen:

Bei einem Wasserstand $h_{P,st}$ in Stauzielhöhe, der einer Durchflußmenge Q_{st} entspricht, die im Flusse bei vollkommen geöffnetem

Wehr abfließen würde, wird eine Geschiebemenge gefördert, die sich in der graphischen Darstellung aus dem Linienzug a—b—c—d ergibt. Der Ast der Geschiebemengenlinie vom Punkte d aufwärts bleibt erhalten, weil das bewegliche Wehr bei Überschreitung der Durchflußmenge Q_{st} vollkommen geöffnet sein muß.

Bei einem Wasserstand $h_{P,1}$ der einer Durchflußmenge $Q_{e,max}$ entspricht, die im Flusse bei vollkommen geöffnetem Wehr abfließen würde, wird im Wehrprofil, wenn das Wehr vollkommen geschlossen ist, keine Geschiebemenge gefördert.[1] Der Linienzug e—f—g führt zum Punkte g, der sonach ein Punkt der Geschiebemengenlinie für den Bestand (2) ist. Die Verbindung der Punkte d und g führt zur gesuchten Geschiebemengenlinie für den Fall der Wehrbetätigung. Für die Wehrbetätigung gilt aber als Richtschnur, sie so vorzunehmen, daß jederzeit das Stauziel erhalten bleibt.

Die Bestimmung der Geschiebemengendauerlinie (2) erfolgt, wie dies in Abb. 30 gezeigt worden ist, punktweise durch Zuordnung gleichdauernder Geschiebemengen. Die schraffierte Fläche gibt, maßstabgerecht ermittelt, die entzogene Geschiebefracht ΔF_g.

C. Wasserbauliche Modellversuche.

Die rein analytische Behandlung hydraulischer Aufgaben läßt sich nur für die einfachsten Formen von Durchflußquerschnitten und da wieder nur für solche mit unveränderlicher fester Wandung durchführen. Der Grund liegt in den mathematischen Schwierigkeiten, die bei einigermaßen unregelmäßigen Berandungen der Ansatz der Randbedingungen bietet. Überdies sind die Probleme der diskontinuierlichen Wasserbewegungen (Wasserwalzen), und diese spielen im Wasserbau eine große Rolle, noch nicht analytisch lösbar. Um sämtliche vorkommenden Fragen wenigstens mit einem für praktische Bedürfnisse genügenden Genauigkeitsgrad beantworten zu können, greift man zum Modellversuch (hydraulische Ähnlichkeit).

Eine weitere Erschwernis tritt bei der Behandlung von flußmorphologischen Aufgaben ein, weil in diesem Falle zur Gänze (Ufer und Flußsohle) oder zum Teile (Flußsohle) eine bewegliche Wandung vorhanden, die je nach dem Grade der eintretenden Geschiebebewegung einer Umformung unterworfen ist.

In den vorhergehenden Abschnitten sind diese Vorgänge der Umbildung behandelt worden. Es hat sich dabei gezeigt, daß bei vorherrschend stationärer Geschiebebewegung eine auf längere Flußabschnitte sich erstreckende *durchlaufende Umbildung* hervorgerufen wird, deren Ausmaß näherungsweise mittels graphischer Verfahren vorausberechnet werden kann. Der Grad der Nähe-

---

[1] Diese Annahme setzt voraus, daß eine vollkommene Trockenlegung der Entnahmestrecke zulässig ist, wenn die Durchflußmenge des Flusses unter dem Wert $Q_{e,max}$ liegt.

rung ist dabei in erster Linie von der Genauigkeit der Geschiebemengenermittlung abhängig.

Tritt jedoch überwiegend nichtstationäre Geschiebebewegung ein, wie dies namentlich bei den *örtlichen Umbildungen* der Fall ist, dann versagen diese Methoden. Die Ursache liegt in dem Umstande, daß die örtlichen Umbildungen durch Schräganströmung der beweglichen Wandungen entstehen, im Gegensatze zur durchlaufenden Umbildung, bei welcher die Wasserfäden mehr oder weniger parallel zur Wandung verlaufen.

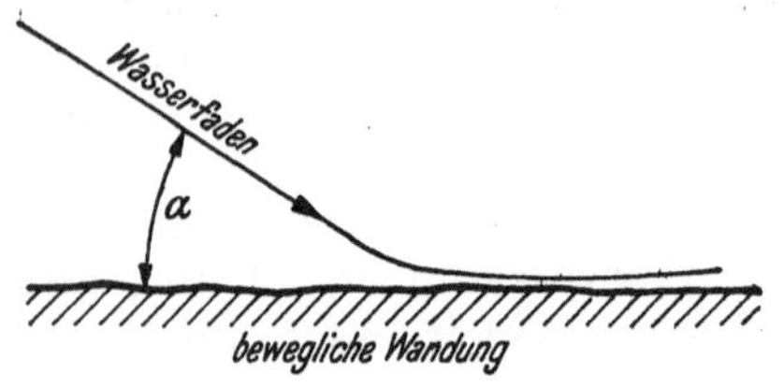

Abb. 38. Schräganströmung unter dem Winkel α.

Die Angriffswirkung (Kolk) auf die bewegliche Wandung, nämlich auf Flußsohle oder Ufer, ist nicht nur von der Geschwindigkeit allein, sondern vornehmlich von der Richtung der Wasserfäden abhängig; sie ist erfahrungsgemäß bei gleicher Anströmgeschwindigkeit umso stärker, je größer der Anströmwinkel α ist (Abb. 38). Es ist aber noch nicht gelungen, die Abhängigkeit dieser Angriffskraft von der Schleppkraft, d. i. jener Kraft, die bei α = 0 auf die Flächeneinheit der Flußsohle wirkt und dem Anströmwinkel festzustellen. Es mußte demnach für die Lösung solcher Aufgaben ein anderer Weg gesucht werden. Er ist auch in diesem Falle im Modellversuch gefunden worden (morphologische Ähnlichkeit).

Grundsätzlich besteht das Wesen des wasserbaulichen Modellversuches darin, daß eine geometrisch verkleinerte *Abbildung* (*A*) des wasserbaulichen Objektes (natürlicher Fluß oder künstliches Bauwerk) mit einer Wassermenge Q_A beschickt wird, die so zu ermitteln ist, daß in dieser Modelldarstellung die Wasserbewegung *hydraulisch ähnlich* mit jener am Objekt in der Natur, dem Urbild (*U*), verläuft. Diese Bedingung besagt, daß die Stromlinien im Abbild und Urbild ähnliche Formen zeigen müssen, mithin die relativen Gefälle des Wasserspiegels (J_W), des Standrohrspiegels (J_{St}), der Reibungsverluste (J_R) und der Geschwindigkeitshöhen $J_B = d(u_m^2/2\,g) : dx$ im Abbild und Urbild die gleichen Werte besitzen, bezw. daß deren Verhältniszahlen $\mathfrak{B}\,(J) = 1$ sind.

Bezeichnet man die geometrische Verkleinerung d. i. der Abbildungsmaßstab des Modelles, mit $1/n$, so ist dieser gleich der Verhältniszahl $\mathfrak{B}$ zweier zugeordneter Längen L im Abbild A und Urbild U. Es ist daher

$$\mathfrak{B}\,(L) = \frac{L_A}{L_U} = \frac{1}{n}$$

und es lassen sich aus den hydraulischen Grundgleichungen sowie aus Erfahrungswerten die Abbildungsregeln ableiten. Da aber die Grundgleichungen für laminare und turbulente Wasserbewegung verschieden sind und außerdem, wie oben ausgeführt wurde, es von Wesenheit ist, ob feste oder bewegliche Wandung vorhanden, werden diese Abbildungsregeln verschieden lauten.

1. Wasserbauliche Modellversuche bei fester Wandung (hydraulische Ähnlichkeit). Der geometrische Abbildungsmaßstab ist gegeben durch:

$$\text{Verhältnis der Längen} \;=\; \mathfrak{B}\,(L) = \frac{\mathfrak{L}_A}{\mathfrak{L}_U} = \frac{1}{n},$$

$$\text{Verhältnis der Flächen} \;=\; \mathfrak{B}\,(F) = \frac{F_A}{F_U} = \frac{1}{n^2}.$$

Die hydraulischen Bedingungsgleichungen für ähnliche Formen der Stromlinien ergeben sich, wie oben erläutert, aus:

$$\mathfrak{B}\,(J_W) = \mathfrak{B}\,(J_{St}) = \mathfrak{B}\,(J_R) = \mathfrak{B}\,(J_B) = 1.$$

Die hydraulischen Grundgleichungen für *stationäre* Wasserbewegung lauten:

$$J_W = J_{St} = J_R + J_B,$$

d. h. Wasser- bzw. Standrohrspiegelgefälle = Reibungsgefälle +
+ Trägheitsgefälle.

Hierin ist bei *laminarer Grundwasserbewegung* mit der Filtergeschwindigkeit u_f und der Durchlässigkeit k nach *Darcy*

$$J_{St} = \frac{u_f}{k} \;\text{und}\; J_B = 0,$$

bei *turbulenter Wasserbewegung* mit der mittleren Geschwindigkeit u_m, Reibungsbeiwert c und hydraulischem Radius R nach *Chezy*

$$J_R = \frac{u_m{}^2}{c^2\,R} \;\text{und}\; J_B = \frac{d\left(\dfrac{u_m{}^2}{2\,g}\right)}{dx}.$$

a) **Abbildungsregeln für laminare Grundwasserbewegung.** Weil bei Grundwasserbewegungen in den meisten Fällen das Trägheitsgefälle J_B gegenüber dem Reibungsgefälle J_R vernachlässigbar ist, folgt aus obigen Grundgleichungen

$$\mathfrak{B}\,(J_{St}) = \mathfrak{B}\left(\frac{u_f}{k}\right) = 1.$$

Daraus ergeben sich folgende Abbildungsregeln:

1. für $\mathfrak{B}\,(k) = \dfrac{1}{m}$

d. h. die Durchlässigkeiten des Grundwasserträgers in Modell und Natur sind verschieden.

α) Verhältnis der Filtergeschwindigkeiten:
$$\mathfrak{B}\,(u_f) = \mathfrak{B}\,(k) = \frac{1}{m}\,, \text{ also } u_{f,A} = \frac{u_{f,U}}{m}.$$

β) Verhältnis der Durchflußmengen:
$$\mathfrak{B}\,(Q) = \mathfrak{B}\,(u_f\,F) = \mathfrak{B}\,(u_f)\,\mathfrak{B}\,(F) = \frac{1}{m\,n^2}\,,$$
also $Q_A = \dfrac{Q_U}{m\,n^2}.$

γ) k, die Durchlässigkeit des Filtermodelles ist durch die Bedingungen, daß die kapillare Steighöhe nur verschwindend klein sein darf (Minimalkorngröße) und im Modelle auch laminare Bewegung gewährleistet sein muß (Maximalkorngröße), eingegrenzt.

2. für $\mathfrak{B}\,(k) = 1$
d. h. die Durchlässigkeiten des Grundwasserträgers in Modell und Natur sind gleich.

α) Verhältnis der Filtergeschwindigkeiten:
$$\mathfrak{B}\,(u_f) = \mathfrak{B}\,(k) = 1, \text{ also } u_{f,A} = u_{f,U}.$$

β) Verhältnis der Durchflußmengen:
$$\mathfrak{B}\,(Q) = \mathfrak{B}\,(u_f\,F) = \frac{1}{n^2}, \text{ also } Q_A = \frac{Q_U}{n^2}.$$

Die Formen der *Stromlinien* sind bei ähnlicher Berandung bei jeder Filterkorngröße ähnlich, soferne im Modelle auch laminare Bewegung herrscht, weil die laminare Grundwasserbewegung in allen Fällen, wo das Trägheitsgefälle vernachlässigbar ist, eine *Potentialbewegung*, deren Potentialfunktion eine Ortsfunktion ist, darstellt.

Die Stromlinien, die im Filtermodell durch Färbung ersichtlich gemacht werden können, sind rechtwinkelige Trajektorien zu den Linien gleichen Standrohrspiegels, welche durch Standrohrmessungen im Filtermodell feststellbar sind. Man ermittelt je nach Zweckmäßigkeitsgründen Stromlinien oder Linien gleichen Standrohrspiegels und konstruiert aus der Bedingung der Orthogonalität die versuchstechnisch schwieriger bestimmbare Linienschar.

Der Vollständigkeit halber sei erwähnt, daß außer dem Filtermodell bei allseitiger fester Berandung auch Modelldarstellungen Verwendung finden können, die auf Naturvorgängen beruhen, welche von einem, dem *Darcy*-Gesetz formal gleichen Naturgesetz beherrscht werden, wie beispielsweise bei Bewegung zäher

Flüssigkeiten in dünner Schicht,[1] oder Ausbreitung der Elektrizität in plattenförmigen Leitern.[2]

b) **Abbildungsregeln für die kontinuierliche turbulente Wasserbewegung.** In diesem Falle ist:

$$\mathfrak{B}\,(J_w) = \mathfrak{B}\left(\frac{u_m{}^2}{c^2\,R}\right) = \frac{\mathfrak{B}\,(u_m{}^2)}{\mathfrak{B}\,(c^2)\,\mathfrak{B}\,(L)} = 1$$

und

$$\mathfrak{B}\,(J_B) = \mathfrak{B}\left(\frac{d\,\dfrac{u_m{}^2}{2\,g}}{dx}\right) = \frac{\mathfrak{B}\,(u_m{}^2)}{\mathfrak{B}\,(L)} = 1,$$

welche Gleichungen gleichzeitig erfüllt sind, wenn

$$\mathfrak{B}\,(c) = 1, \text{ d. h. wenn } c_A = c_U = \text{const.}$$

Damit folgt weiter

$$\frac{\mathfrak{B}\,(u_m{}^2)}{\mathfrak{B}\,(L)} = 1 \text{ und } \mathfrak{B}\,(u) = \mathfrak{B}\,(L^{0.5})$$

und die Abbildungsregeln lauten:

α) Verhältnis der mittleren Geschwindigkeiten

$$\mathfrak{B}\,(u_m) = \mathfrak{B}\,(L^{0.5}) = \frac{1}{n^{0.5}}, \text{ also } u_{m,A} = \frac{u_{m,U}}{n^{0.5}}.$$

β) Verhältnis der Durchflußmengen

$$\mathfrak{B}\,(Q) = \mathfrak{B}\,(u_m)\,\mathfrak{B}\,(F) = \frac{1}{n^{2.5}}, \text{ also } Q_A = \frac{Q_U}{n^{2.5}}.$$

γ) Reibungsbeiwert $c = \text{const.}$, d. h. die Rauhigkeit der Wandung des Modelles muß so gewählt werden, daß in Natur und Modell gleiches Reibungsgefälle herrscht. Hieraus folgt weiter, daß die Bedingung bei sogenannten *kurzen Modellen*, wie etwa bei Wehrmodellen, bei Ausführung des Modelles mit glatter Oberfläche genügend genau erfüllt ist (*Froude*sche Modellregel)

δ) $u_{m,A}$ muß eine Größe erreichen, die eine turbulente Wasserbewegung im Modelle gewährleistet, also laminare Bewegung ausschließt, d. h. es muß die *Reynold*sche Zahl $\dfrac{u_{m,A}\,R}{\nu} > 1200$ sein.

ε) In Modell und Natur muß gleiche Fließart herrschen, d. h. es muß in beiden Vorgängen bei *Strömen* $u_m < g\,R$ und bei *Schießen* $u_m > g\,R$ sein.

---

[1] *Schaffernak, F.* und *Dachler, R.:* Versuchstechnische Lösung von Grundwasserproblemen, Deutsche Wasserwirtschaft; 1913, H. 1 u. 3.

[2] *Vreedenburgh, J.* u. *Stevens, O.:* Elektrodynamische Untersuchung von Potentialströmungen in Flüssigkeiten, insbesondere angewendet auf ebene Grundwasserströmungen. Referat zum Int. Talsperrenkongreß, Stockholm 1933.

c) **Abbildungsregeln für diskontinuierliche turbulente Wasserbewegung.** Für Bewegungsvorgänge, bei welchen durch Deck-, Rand- oder Grundwalzen die Durchflußquerschnitte eingeengt werden (Toträume), ist durch Versuche nachgewiesen worden, daß bei ähnlicher fester Wandung auch ähnliche Formen der Walzenbewegungen zu erwarten sind.[1] Die Abbildungsregeln für diskontinuierliche Wasserbewegung sind daher identisch mit jenen für kontinuierliche Wasserbewegung.

2. Wasserbauliche Modellversuche bei beweglicher Wandung (morphologische Ähnlichkeit). Bei Wandungen aus losem Material, also bei Flüssen, die in Alluvionen eingeschnitten sind, ist die Erreichung der Ähnlichkeit der Umformung im Modelle durch die oben besprochenen hydraulischen Abbildungsregeln allein nicht gewährleistet. Die morphologische Ähnlichkeit kann, je nach der verlangten Genauigkeit in der Übereinstimmung, erreicht werden durch sogenannte Modellversuche über den Wirkungssinn, durch Modellversuche nach der Extrapolationsmethode und durch solche mit tatsächlicher hydraulischer wie auch morphologischer Ähnlichkeit.

a) **Wasserbauliche Modellversuche über den Wirkungssinn.** Es handelt sich oft nur um die Feststellung, ob eine bauliche Maßnahme eine gewollte Verbesserung mehr oder weniger unterstützt, wie solche Fragen beispielsweise bei der Formung von Buhnenköpfen oder Brückenpfeilern zu beantworten sind. In diesem Falle kann man auf die vollständige morphologische Ähnlichkeit verzichten und man führt die Modellversuche bei Einhaltung der hydraulischen Abbildungsregeln unter Verwendung eines Modell-Bettmateriales durch, das die Kolkwirkung ∙recht deutlich erkennen läßt.

b) **Wasserbauliche Extrapolationsversuche.** Eine weitere Methode, die in der Durchführung ohne morphologische Ähnlichkeit arbeitet, aber durch eine Überlegung schließlich auch diese Ähnlichkeit einschätzen läßt, ist die in einzelnen Fällen anwendbare Extrapolationsmethode. Ihre Durchführung soll an einem praktischen Beispiel erläutert werden.

Wehrobjekte sind der Gefahr der Unterkolkung an der Unterwasserseite ausgesetzt, wenn sie nicht genügend tief fundiert oder wenn nicht entsprechend geformte Tosbecken oder Schußböden vorgesehen sind. In beiden Fällen muß man die maximalen Ausmaße des zu erwartenden Kolkes, seine Länge L und seine größte Tiefe H im vorhinein kennen (Abb. 39).

Über die endgültige Gleichgewichtsform eines derartigen Kolkes kann gesagt werden, daß sie bei vollständigem Geschiebe-

---

[1] *Schaffernak, F.:* Eine Versuchstechnische Studie über die Regulierung der Donau bei Linz mit Rücksicht auf Hochwasser und Schiffahrt. Deutsche Wasserwirtschaft; 1938, H. 9.

rückhalt durch die Wehranlage von der Art der Bodenmaterialien, ob fest oder lose, unabhängig ist, weil letzten Endes die Materialien im Kolkbereiche soweit verkleinert werden, daß sie als Schwebestoffe zur Abfuhr gelangen. Die Umbildungsdauer jedoch wird vom Bodenmaterial wesentlich beeinflußt.[1]

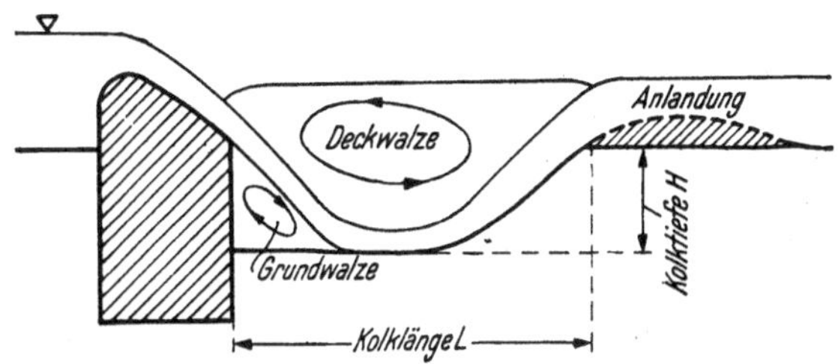

Abb. 39. Örtliche Umbildung unterhalb einer Wehranlage.

Der Extrapolationsversuch wird daher in diesem Falle folgendermaßen ausgeführt. Man läßt bei Bettmaterialien mit verschiedenen Korngrößen d_1, d_2, d_3 ... die zugeordnete Modellwassermenge solange durchlaufen, bis sich die Kolkform nicht mehr ändert, also der Gleichgewichtszustand erreicht ist. Hierauf trägt man, wie Abb. 40 zeigt, die nach den hydraulischen Ähnlichkeitsregeln auf Naturmaß umgerechneten Maße für $L_1, L_2, L_3 \ldots$ und $H_1, H_2, H_3 \ldots$ in das Achsenkreuz L/d bezw. H/d ein. Die gefühlsmäßigen Verlängerungen der Linien $L = f_1(d)$ bezw. $H = f_2(d)$ liefern für $d \doteq 0$ mit praktisch genügender Genauigkeit die gesuchten Größtwerte von L und H.

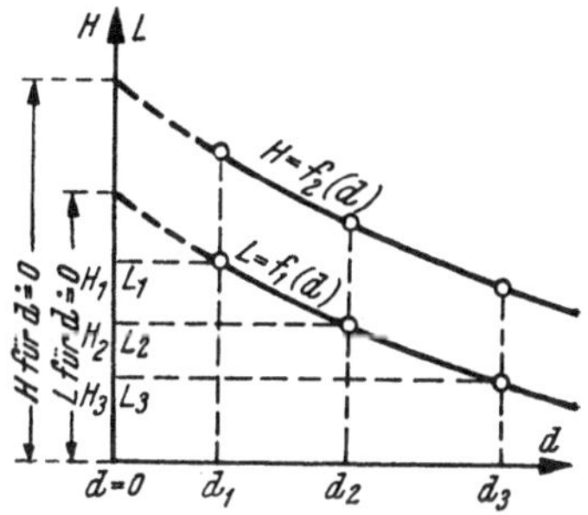

Abb. 40. Auswertung eines Extrapolations-Versuches.

c) **Wasserbauliche Modellversuche mit tatsächlicher hydraulischer und morphologischer Ähnlichkeit.** Um in sogenannten *langen Modellen* für durchlaufende Flußbauten genügend genaue Ähnlichkeit in der Umformung der aus losen Materialien bestehenden Ufer und Flußsohle zu erreichen, muß erfahrungsgemäß gemischtes Modell-Bettmaterial verwendet werden.

Sind die Schleppkräfte in der Modelldarstellung genügend groß, dann verwendet man Modellgeschiebe von gleichem spezifischen

[1] *Scimemi, E.:* Sulle relazione che intercede fra gli scavi osservati nelle opere idrauliche originale e nei modelli. L'Energia Elettrica 1939, H. 11.

Gewicht wie in der Natur. Bei grobem Geschiebe kann zur überschlägigen Beurteilung der mittlere Durchmesser des Modellgeschiebes

$$d_{m,\,A} = \frac{d_{m,\,U}}{n}$$

genommen werden.

Für genauere Untersuchungen ermittelt man zuvor versuchsweise die Mischungslinie dieses Materiales, indem man die Mischung
so lange ändert, bis ein gegebener morphologischer Zustand der
Natur im Bereiche der zu untersuchenden Flußstrecke, im Modelle,
bei Einhaltung der hydraulischen Ähnlichkeitsregeln, ähnlich abgebildet wird. Mit der so erhaltenen Materialmischung wird dann
der eigentliche Modellversuch durchgeführt. Gewöhnlich sind jedoch
die Schleppkräfte im Modell derartig gering, daß man als Bettmaterial leicht bewegliche Materialien, wie Feinsand, Braunkohlengrus u. s. w. wählt, um auch bei kleinen Schleppkräften noch
genügend Geschiebebewegung zu erzeugen.[1]

Sind diese Ersatzmaterialien auch nicht imstande, die Geschiebeförderung einzuleiten oder ist im Modelle keine turbulente
Wasserbewegung erreichbar, wie dies bei der Modelldarstellung
von Flachlandsflüssen, bei sogenannten *flachen* Modellen der Fall
sein kann, dann verwendet man *verzerrte* Abbildungsmaßstäbe.
Hiebei kann die Verzerrung sowohl im Querprofil (Tiefenverzerrung) als auch im Längenprofil (Gefälleverstärkung) erfolgen,
worüber, ebenso wie über den zu wählenden Zeitmaßstab, besondere modelltechnische Erwägungen anzustellen sind.[2]

VI. Der freie und der erzwungene Flußmäander in seiner Grundriß-, Querschnitts- und Längenschnitts-Ausbildung.

Den eingangs andeutungsweisen Ausführungen folgen nunmehr
eingehendere Darstellungen über den Flußmäander. Dabei wird
von den Vorgängen in einer gekrümmten Flußstrecke ausgegangen
und angenommen, daß bereits jenes Ausbildungsstadium erreicht
ist, bei dem der Fluß in einer Talaufschüttung mäandert (freier
Flußmäander). Seine weitere Umbildung kann also *zwangsfrei*

---

[1] *Krey*, H. D.: Modellversuche für einen Fluß mit starker Geschiebebewegung ohne erkennbare Bankwanderung. Berlin 1935.

[2] *Meyer-Peter*, E., *Hoeck*, E. und *Müller*, R.: Beitrag der Versuchsanstalt für Wasserbau an der Technischen Hochschule Zürich zur Lösung
des Problemes Diepoldsauer Durchstich. Schweiz. Bztg. 1937, Nr. 17 u. 18. —
Meyer-Peter, E. und *Favre*, H.: Der wasserbauliche Modellversuch im
Dienste der Wasserkraftnutzung und Flußkorrektion. Sonderdruck aus der
Festschrift: Die Eidg. Hochschule zur Jahrhundertfeier, Zürich 1937. —
Seifert, R.: Allgemeine Ähnlichkeitsbetrachtungen über Modelle geschiebeführender Flüsse nach praktischen Gesichtspunkten. Die Bautechnik,
1942, H. 36 u. 37.

erfolgen, solange noch keine Regulierungsbauten im Flußlaufe vorhanden sind.

Die Stromfäden drängen sich infolge Trägheitswirkung bei A zusammen, wodurch die Geschwindigkeit am konkaven Ufer er-

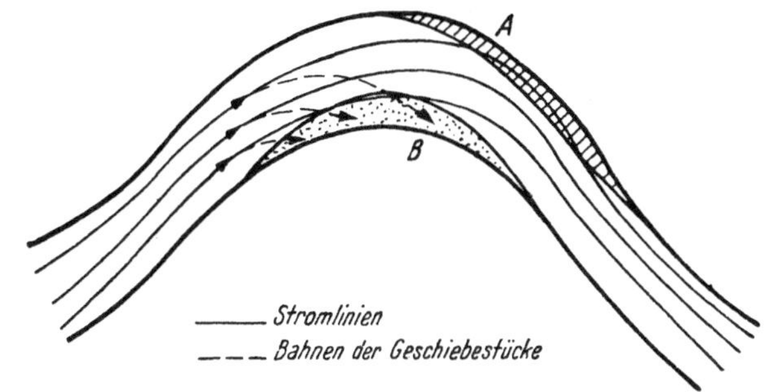

Abb. 41. Umbildung des Grundrisses einer Flußkrümmung.

höht wird. Überdies erfolgt dort eine Schräganströmung. Beides zusammen bewirkt einen verstärkten Angriff und kann einen Einriß des Ufers verursachen (Abb. 41).

Das aus den oberen Flußabschnitten herankommende Geschiebe bewegt sich bei seiner Wanderung durch die Flußkrümmung nicht in den Bahnformen der Wasserteilchen, sondern sein Weg weist stärkere Krümmungen auf. Ein Teil der Geschiebefracht wird daher gegen das konvexe Ufer abgelenkt und bildet bei B eine Anlandung.

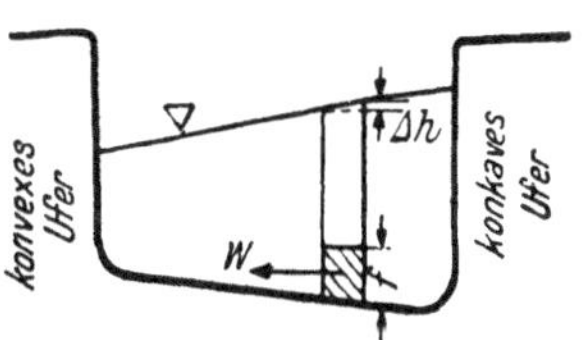

Abb. 42. Ablenkung des Geschiebes in einer Flußkrümmung.

Der Grund dieser Ablenkung ist im Auftreten einer zentripetalen Kraft $W = \gamma_w \, \Delta h \cdot f$ zu suchen, welche durch den gegen das konkave Ufer zu erhöhten Wasserdruck auf das Geschiebekorn entsteht (Abb. 42). Dagegen ist die Fliehkraft, welche durch die Bewegung des Geschiebekorns in gekrümmter Bahn ausgelöst wird, verschwindend klein, weil die Winkelgeschwindigkeit des Geschiebes fast auf Null sinkt.

Die Anlandung bei B erhöht wegen der Verminderung der Durchflußfläche wieder die Geschwindigkeit bei A und damit vergrößert sich auch der Einriß. Mit diesen Umbildungsvorgängen ist, wie bereits einleitend angedeutet, eine Verminderung des Krümmungshalbmessers und in weiterer Folge eine Längsverschiebung des Mäanders verbunden. In den aufeinanderfolgenden Umformungen (1), (2), (3) prägt sich die Umbildung im Quer-

profile, dessen Unsymmetrie mit Verstärkung der Mäander-
krümmungen ebenfalls zunehmen muß, deutlich aus (Abb. 43).

Vergleicht man die Formen der Querschnitte, wie sie längs
eines Flußmäanders bei zwangsfre.er Ausbildung auftreten, dann
ergibt sich das in Abb. 44 wiedergegebene schematische Bild.

Abb. 43. Umbildung des Querprofiles in einer Flußkrümmung.

Der Flußlauf zeigt im Grundriß einen stetigen Übergang
der Krümmungen in den einzelnen Mäanderschleifen, vom
kleinsten Krümmungsradius im
Kolkbereich allmählich zu-

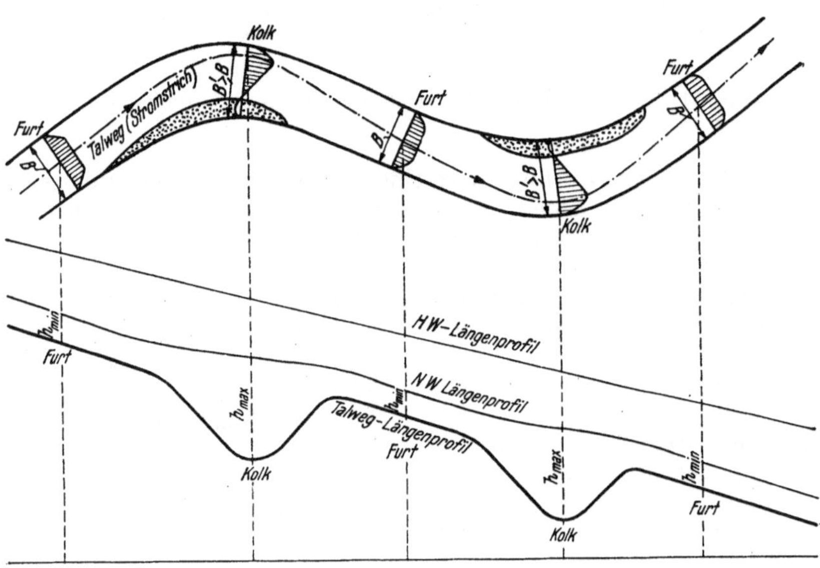

Abb. 44. Grundriß und Längenschnitt eines Flußmäanders.

nehmend zum Krümmungsradius unendlich im Wendepunkt (Furt).
Das Flußbett nimmt bei zwangsfreier Ausbildung eine rennbahn-
artige Form an, mit sanften Übergängen vom symmetrisch ge-
formten *Furtprofil* am Krümmungswechsel zum *Kolkprofil*, dem
Querprofil mit größter Unsymmetrie.

Der Grundriß des Talweges mäandert mit etwas stärkerer
Krümmung und verläuft bei erreichtem zeitlichen Gleichgewicht
in den Wendepunkten mit glattem Übergang (guter Paß).

Das Längenprofil des Talweges zeigt ebenfalls einen wellen-
förmigen Verlauf, wobei der Wellenscheitel im Furtprofil und das
Wellental im Kolkprofil liegt.

Das NW-Längenprofil hat über der Furt das größte Wasserspiegelgefälle (kleinstes Durchflußprofil) und über dem Kolk das kleinste Gefälle (größtes Durchflußprofil). Mit zunehmendem Wasserstand glättet sich die Wellung, bis sich schließlich bei den höchsten Wasserständen auch auf längeren Flußstrecken ein fast ungewellter Verlauf des Längsschnittes des Wasserspiegels einstellt.

Änderungen des Wasserspiegelgefälles verändern aber die Schleppkraft. Aus diesem Grunde tritt bei NW, wo über der Furt das größte Gefälle herrscht, daselbst eine Eintiefung ein und das abgetragene Material füllt den Kolk auf. Bei HW dagegen fördert das Kolkprofil eine größere Geschiebefracht, als das Furtprofil bewältigen kann; das Furtprofil erfährt eine Hebung,

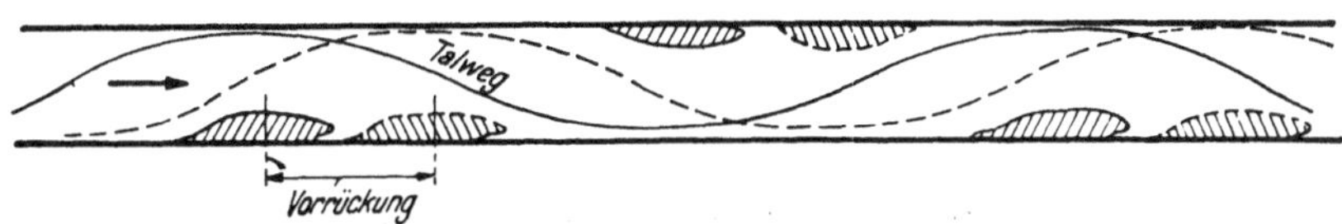

Abb. 45. Wanderung der Schotterbänke in künstlich gestreckten Flußläufen.

während sich das Kolkprofil austieft. Da Wasseranstieg und -abstieg wechseln, schwankt das Talweglängenprofil stetig um eine Mittellage (zeitliche Gleichgewichtslage).

Eine Gesetzmäßigkeit in der Gesamtausbildung eines zwangsfreien Flußlaufes ist nach diesen Feststellungen unverkennbar. Wenngleich es bisher noch nicht gelungen ist, diese Gesetzmäßigkeit in allgemeiner Form zahlenmäßig auszudrücken, so war es doch möglich, sie qualitativ zu erfassen.

O. *Fargue* hat schon 1868 auf Grund seiner Erfahrung bei den Regulierungsbauten an der Garonne sowie durch Versuche an einem künstlichen Gerinne solche allgemeine Regeln (*Fargue*sche Gesetze) für die Durchführung von Flußregulierungen aufgestellt, die später auch an anderen Flüssen eine Bestätigung gefunden haben. Er ging dabei von der Überlegung aus, daß eine weitgehende Erhaltung der natürlichen Flußformen (freier Flußmäander) bei einer künstlichen Festlegung seiner Ufer (Flußregulierungen) auch den günstigsten Erfolg bei geringsten Baukosten bewirkt. Damit trat er der damals herrschenden Ansicht entgegen, welche in der durch Kürzung mehr oder weniger hervorgerufenen Geradführung der Flüsse (erzwungener Flußmäander) das Mittel zur zweckmäßigen Regelung erblickte.

Die vorangegangenen Ausführungen im Abschnitt V_D haben sich mit einer der schädlichen Wirkungen dieser Flußkürzungen, nämlich mit der Eintiefung befaßt. Es tritt jedoch noch eine weitere ungünstige Folgeerscheinung hinzu, nämlich die Verschiebung des Talwegmäanders gegenüber dem Flußmäander, was sich in dem Auftreten *wandernder Schotterbänke* deutlich zeigt (Abb. 45).

Die Entfernung der Schotterbänke bleibt in diesem Falle erhalten, während ihre *Vorrückung* in einem bestimmten Zeitabschnitt je nach der Größe der Wasserfracht wechselt. So zeigt beispielsweise der Rhein vor Einmündung in den Bodensee diese Erscheinungen mit besonderer Exaktheit.[1]

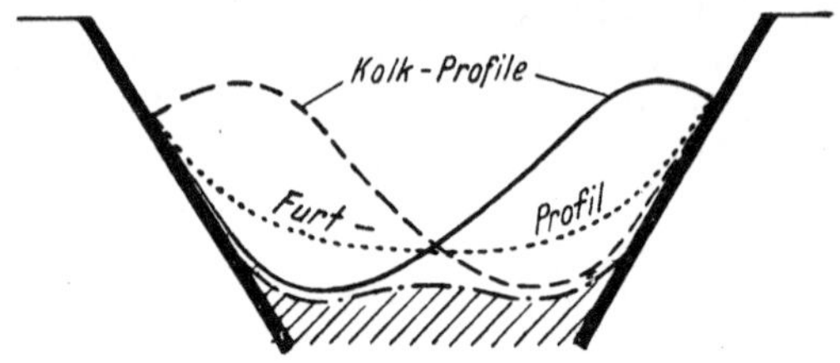

Abb. 46. Umbildung des Flußquerschnittes infolge
Wanderung der Schotterbänke.

Das Wandern der Schotterbänke verursacht eine stetige Umbildung des Querprofiles. Wie Abb. 46 zeigt, liegt die Einhüllende der verschiedenen Sohlenlagen ungefähr in der Höhe der Kolksohle. Will man daher in diesem Falle die Uferbefestigungen vor Einsturz sichern, dann müssen sie tiefer als die Kolksohle herabgeführt werden, und zwar muß dies an beiden Ufern erfolgen.

*Fargue*sche Gesetze. Die von *O. Fargue* aufgestellten Regeln sind nur *qualitativer* Natur.[2] Um sie praktisch verwertbar zu machen, sind für den zu regelnden Fluß die Maßwerte aus Erhebungen an gut ausgebildeten Flußstrecken (Musterstrecken) festzustellen. Die wichtigsten der von *O. Fargue* aufgestellten Regeln, übersetzt nach der Originalabhandlung, lauten:

1. Damit das Bett sich *beständig* erhalte, muß jedes Ufer eine Aufeinanderfolge von krummlinigen, aber abwechselnd einbiegenden (konkaven) und ausbiegenden (konvexen) Bögen aufweisen, welche an den Wendepunkten sich aneinander tangentiel anschließen (Abb. 47).

Anmerkung: Mit der Bezeichnung: beständiges Bett, soll ausgedrückt werden, daß keine Verschiebung der Talwegmäander, also keine wandernden Schotterbänke auftreten.

2. Damit das Bett eine *ausgiebige* Tiefe erhalte, muß das von der Gesamtheit der Tangenten der einzelnen Kurven gebildete Netz Seiten und Winkel haben, die weder zu groß noch zu klein sind (Abb. 48).

---

[1] *Wittmann, H.:* Der Einfluß der Korrektion des Rheines zwischen Basel und Mannheim auf die Geschiebebewegung des Rheines. Deutsche Wasserwirtschaft; 1927, H. 10—12. Veröffentlichung des Eidg. Amtes für Wasserwirtschaft: Hydrographische Erhebungen im Rheingebiet. Bern.

[2] *Fargue, O.:* Etude sur la correlation entre la configuration du lit et la profondeur d'eau dans les rivières à fond mobile. Annales des ponts et chaussées. 1868.

Anmerkung: Der Ausdruck: ausgiebige Tiefe bezieht sich auf die Tiefe an den Furten.

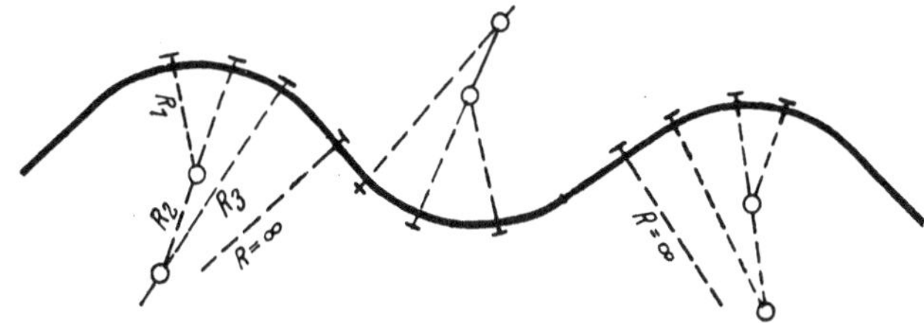

Abb. 47. Linienführung aus Korbbogen nach *O. Fargue*.

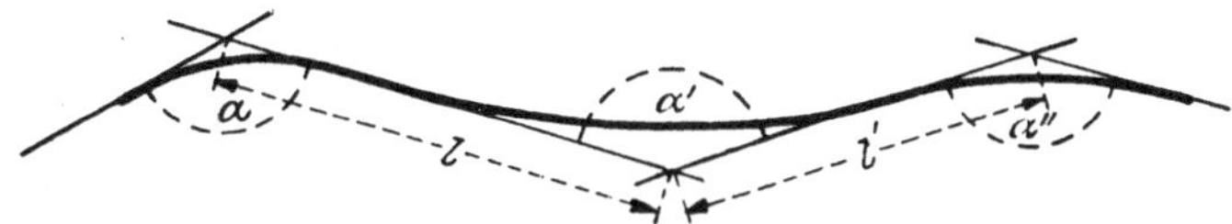

Abb. 48. Tangentennetz nach *O. Fargue*.

3. Damit das Bett *regelmäßig* sei, darf der Bogen nicht nach einem Kreis geformt sein, sondern vom Wendepunkt aus mit einem unendlich großen Radius beginnen, welcher nach und nach kleiner wird und in der Mitte des Bogens sein Minimum erreicht, um dann

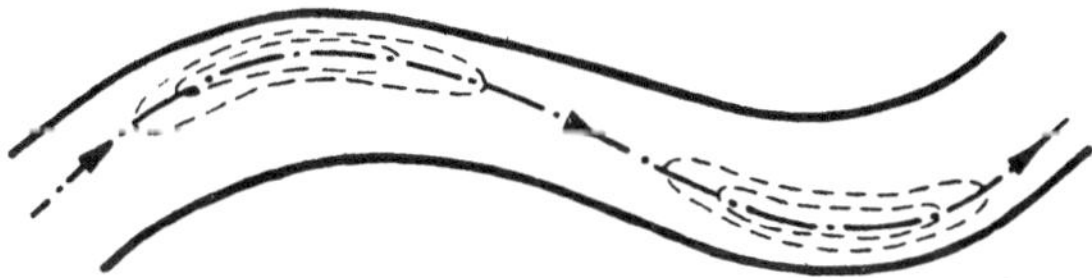

Abb. 49. Schichtenlinienplan eines „guten Passes".

Abb. 50. Schichtenlinienplan eines „schlechten Passes".

gegen den nächsten Wendepunkt hin in derselben Weise zuzunehmen (Korbbogen). Ebenso muß auch die Flußbreite vom Wendepunkt abwärts gegen die Mitte des Bogens zunehmen, wobei die Wendepunkte am rechten und linken Flußufer nicht in einem Querprofile liegen dürfen.

Anmerkung: Der Ausdruck: regelmäßiges Bett will andeuten, daß ein *guter* und nicht ein sogenannter *schlechter Paß* entsteht (Abb. 49 und 50). Die Verschiedenheit der Flußbreiten drückte sich an der Garonne im Verhältnis der größten Breite zur kleinsten Breite $B'/B = 4/3$ bis $7/6$ aus. Das Verschiebungsmaß der Wendepunkte war ungefähr gleich der doppelten Flußbreite (Abb. 51).

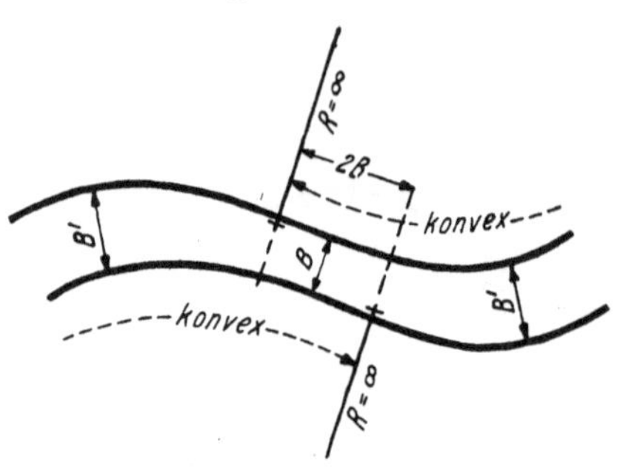

Abb. 51. Ausbildung der Uferlinien am Wendepunkt nach *O. Fargue.*

VII. Verkleinerung des Flußbettmaterials.

Bisher ist auf eine Abminderung der Korngröße keine Rücksicht genommen worden, weil die behandelten Umbildungsvorgänge sich nur auf verhältnismäßig kurze Flußstrecken bezogen. Zieht man jedoch die gesamte Umformung längs eines Flußlaufes in Betracht, dann muß auch die Verkleinerung des Flußbettmateriales beachtet werden, welche man quantitativ am besten in Form des Geschiebemischungsbandes darstellt.

Die Verkleinerung wird im Oberlaufe durch *Verwitterung* und *Zerschlagen*, im Mittellaufe vor allem durch *Abschliff*, wobei der vorbeieilende Feinsand die größeren lagernden Geschiebestücke abschleift und im Unterlaufe vornehmlich durch *Abrieb*, wobei das schon durchwegs feinkörnige Bettmaterial sich bei der Fortbewegung gegenseitig abschleift, bewirkt.

Für den *Abschliff* läßt sich nach *O. Sternberg* das Abminderungsgesetz wie folgt entwickeln:

Die Änderung des Geschiebegewichtes P d. i. $-dP$ ist der Größe der Oberfläche O des Geschiebestückes und dem zurückgelegten Weg dx proportional. Also ist

$$-dP = c\,O\,dx \quad \text{und weil} \quad P = c_1\,d^3 \quad \text{und} \quad O = c_2\,d^2$$

folgt

$$-3\,c_1\,d^2\,d\,(d) = c\,c_2\,d^2\,dx$$

oder durch Zusammenfassen der konstanten Glieder zu k

$$-d\,(d) = k\,dx$$

und weil für $x = 0$ und $d = d_0$ schließlich der Ausdruck für den Abschliff mit

$$d = d_0 - k\,x$$

folgt.

Dieses theoretisch entwickelte Abminderungsgesetz wird, wie Abb. 52 zeigt, auch durch die Erfahrung bestätigt. Überdies ist daraus ersichtlich, wie verschieden an einzelnen Flüssen die Stärke des Abschliffes ist.

Mit der Abminderung des Geschiebes steht die Form des Gesamtlängenprofiles des Tales bezw. Flußlaufes im Zusammenhang, weil ein Geschiebestück bestimmter Größe erst dann weiterbefördert wird, wenn die Schleppkraft des Wassers den Reibungswiderstand dieses Stückes überwindet. Ist dies der Fall, dann tritt eine Geschiebeförderung auf, die sich aber von selbst in ihrem Ausmaße regelt, weil immer das Bestreben nach Einstellung des zeitlichen Gleichgewichtszustandes vorhanden ist.

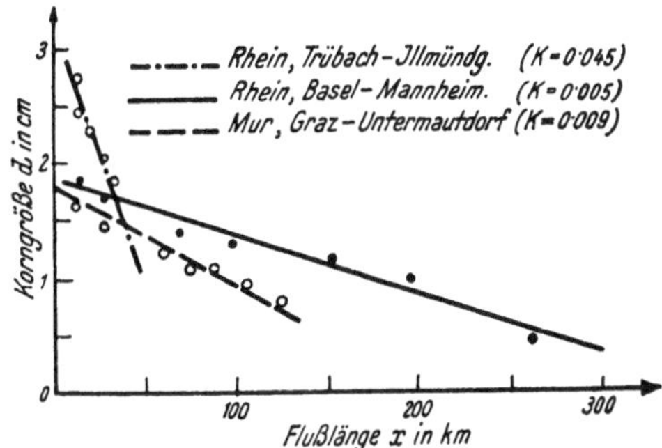

Abb. 52. Gesetzmäßigkeit des Geschiebeabschliffes am Rhein und Murfluß.

Es kann daher, weil flußabwärts das kleinere Material gelangt, dieses Gleichgewicht nur durch eine Abnahme des Gefälles mit zunehmender Lauflänge erreicht werden. Das Gesamtlängenprofil eines Flusses muß demnach die Form einer gekrümmten Linie mit der hohlen Seite nach oben annehmen.

Man hat versucht, die Form des Längenprofiles und zwar zunächst der Mittelstrecke des Flußlaufes rechnerisch zu ermitteln. Weil dort erfahrungsgemäß zeitliches Gleichgewicht herrscht, ist stationäre Geschiebebewegung vorhanden, also die Änderung der Geschiebefracht auf der Wegstrecke dx gleich Null. Mithin lautet die Bedingungsgleichung

$$\frac{d(F_g)}{dx} = 0.$$

Die Lösung dieser Differentialgleichung ist wegen der unzureichenden Kenntnis der morphologischen Gesetze bisher nicht gelungen.

Der Weg der Empirie muß auch hier beschritten werden, das heißt aus Aufnahmen in der Natur ist die wahrscheinlichste

Gleichgewichtsform des Längenprofils von Fall zu Fall zu ermitteln. Es hat sich gezeigt, daß die *Ausgleichslinien* solcher aufgenommenen Längenprofile als Parabeln höherer Ordnung oder Exponentiallinien dargestellt werden können.[1]

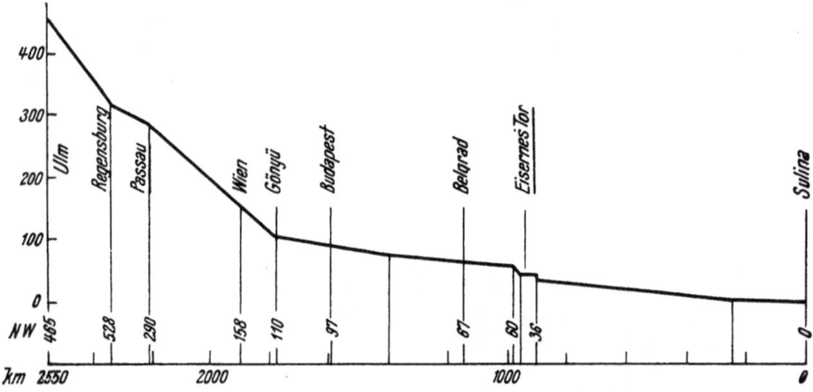

Abb. 53. Längenprofil des Stufentales der Donau.

Jede Felsschwelle zerlegt das Gesamtlängenprofil eines Tales in Abschnitte, deren einzelne Ausgleichslinien verschieden sind (Stufentäler). Als Beispiel eines Stufentales größten Ausmaßes sei auf die Donau mit den Stufen beim Passauer Kachlet und Eisernen Tor verwiesen (Abb. 53).

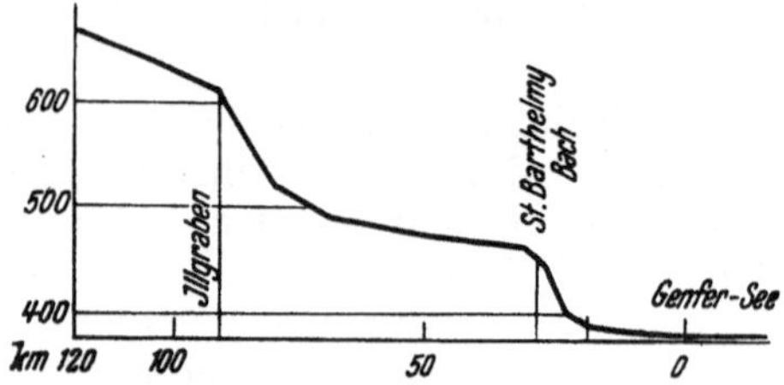

Abb. 54. Stufenförmiges Flußlängenprofil der oberen Rhône.

An den Mündungsstellen von Nebenflüssen, die gröberes Geschiebe als der Hauptfluß führen, treten zufolge Schuttkegelbildung Unstetigkeiten in der Längenprofilsgestaltung des Hauptflusses auf (Stufenförmiges Flußlängenprofil). So zeigt beispielsweise die Rhône Stufen bei Einmündung des Illgrabens bei Leuk und des St. Barthelemy-Baches bei St. Maurice (Abb. 54).

---

[1] *Hochenburger, F. v.:* Über Geschiebebewegung und Eintiefung fließender Gewässer. Leipzig 1886. — *Putzinger, J.:* Ausgleichsgefälle geschiebeführender Wasserläufe. Z. öst. Ing. u. Arch.-Verein 1919, H. 71. — Das Ausgleichs- oder Kompensationsprofil; Zeitschrift für Geschiebeforschung 1927, H. 1/2.

VIII. Morphologische Wirkungen des Porenwassers.

Während das Oberflächenwasser nur im bewegten Zustande eine morphologische Wirkung und zwar infolge seiner Schleppkraft hervorruft, kann ruhendes wie bewegtes Porenwasser sowohl im durchlässigen Untergrunde (Grundwasser) als auch in künstlichen Schüttungen in morphologischer Beziehung wirkungsvoll sein. Dabei ist die Beschaffenheit des Materials, ob rollig oder bindig, von ausschlaggebender Bedeutung.

A. Verhalten von rolligem Material.

1. Wirkung des ruhenden Porenwassers. Untersucht man Dammschüttungen, die aus rolligen Materialien gleicher Korngröße lose geschüttet sind, hinsichtlich der Gleichgewichtsböschung tg ϱ bei verschiedenen Durchfeuchtungsgraden bis zur möglichen Sättigungsgrenze, der Wasserkapazität, so erhält man die in Abb. 55 dargestellte Beziehung.

Es lassen sich hienach die rolligen Schüttmaterialien unter Bedachtnahme auf die durch die Korngrößen bedingten Eigenschaften in drei charakteristische Gruppen einteilen und zwar in Materialgruppen:

1. deren scheinbare Kohäsion, hervorgerufen durch Kapillarkräfte, mit *zunehmender* Durchfeuchtung *abnimmt*. Diese Eigenschaft besitzen Schüttkörper bis herab etwa zur Korngröße $d \doteq 15$ mm. Das die Wasserkapazität übersteigende und austretende Porenwasser erodiert die Böschung, wenn die Einzelstücke nicht schon Korngrößen aufweisen, die einem Abtrag widerstehen,

2. deren scheinbare Kohäsion mit *zunehmender* Durchfeuchtung *zunimmt*. Hieher sind Schüttkörper mit Korngrößen von etwa 15 mm bis unter 1 mm zu zählen. Das die Wasserkapazität übersteigende und austretende Porenwasser zerstört die Böschung durch Erosion,

3. deren scheinbare Kohäsion ebenfalls und zwar in besonderem Maße mit *zunehmendem* Gehalt an Porenwasser *ansteigt*. Nach Überschreiten der Wasserkapazität wird das Schüttmaterial zu einer breiartigen Masse (Mure) und sucht sich einzuebnen. Diese Eigenschaft besitzen feinsandige Schüttkörper mit Korngrößen, die weit unter 1 mm liegen (z. B. Wellsand).

Aus den geschilderten Eigenschaften ergibt sich, daß beim Dammbau die Verwendung rolligen Materiales nur folgendermaßen stattfinden darf:

---

[1] *Schaffernak, F.:* Über die Standsicherheit durchlässiger, geschütteter Dämme. Allg. Bauz. 1917, H. 4.

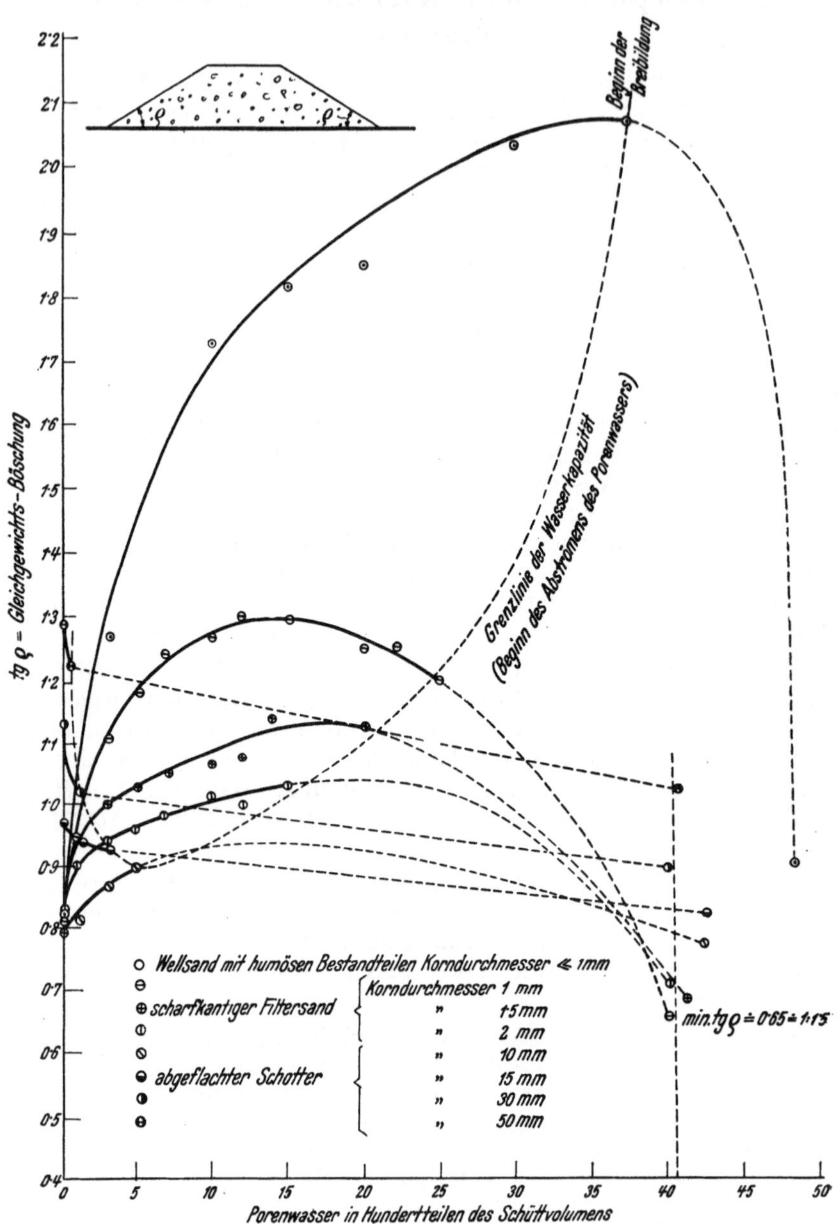

Abb. 55. Gleichgewichtsböschung bei verschiedenem Gehalt an Porenwasser.

Materialgruppe eins nur als *stützendes* Material, Materialgruppe zwei nur als *dichtendes* Material. Materialgruppe drei darf wegen Rutschungsgefahr ohne Zumischung gröberen Kornes überhaupt nicht eingebaut werden.

2. Wirkungen des bewegten Porenwassers. Bewegtes Porenwasser kann im Innern eines Porenwasserträgers, der ein natürlicher Boden oder ein künstlich geschütteter Dammkörper ist, vermöge der auftretenden Schleppkräfte eine *Ausspülung* der feinsten Materialanteile herbeiführen. Dieser Spülvorgang wird erkennbar durch die Trübung des aus dem Porenwasserträger austretenden Sickerwassers. Solche Ausspülungen geben Anlaß zu Materialumlagerungen im Inneren des Porenwasserträgers und können zur Gefährdung von Bauobjekten führen. Es sind daher Gegenmaßnahmen zur Verminderung oder Beseitigung der Spülwirkung notwendig. Sie bestehen in einer Verminderung der Filtergeschwindigkeit durch Verlängerung des Sickerweges oder in der künstlichen Verdichtung des Porenwasserträgers.

An den *Sickerflächen* der Begrenzung des Porenwasserträgers kann durch das austretende Wasser eine Lockerung der Materiallagen und im weiteren Verlaufe ein Abtrag eintreten, wodurch ebenfalls eine Gefahr für den Bestand entsteht. Diese Erscheinungen sind in ihren Ausmaßen in erster Linie von der Größe der Filtergeschwindigkeit bezw. Schleppkraft des Sickerwassers im Austrittsbereiche des Sickerwassers abhängig. Es ist daher notwendig, sich ein Bild von der Verteilung der Filtergeschwindigkeit bezw. Schleppkraft zu machen. Hiezu kann mit Vorteil der Modellversuch verwendet werden, wozu die auf S. 38 entwickelten Abbildungsregeln in Anwendung kommen.

Derartige Versuche führen zu Strömungsbildern, mit deren Hilfe man nach dem Verfahren der quadratischen Netzteilung die Linien gleichen Geschwindigkeitspotentials d. i. gleicher Standrohrspiegelhöhe erhält.

Es seien zwei extreme Fälle in Bezug auf Abtrag behandelt und zwar bei einem dichten Dammkörper auf durchlässigem Untergrund und bei einem durchlässigen Dammkörper auf dichtem Untergrund.

a) Dichter Dammkörper auf durchlässigem Untergrunde. Die Filtergeschwindigkeit im Austrittsquerschnitt der Sickerfläche, d. i. in diesem Falle die binnenseits an den Dammkörper grenzende Bodenfläche, beträgt

$$u_f = k \frac{\Delta h_{St}}{a} = \frac{\text{const.}}{a}.$$

Sie nimmt daher im Achsenpunkte A, weil dort $a = 0$, theoretisch den Wert Unendlich an. Infolge Wirkung der Trägheitskräfte kann aber u_f nur zu dem endlichen Größtwert max (u_f) ansteigen (Abb. 56).

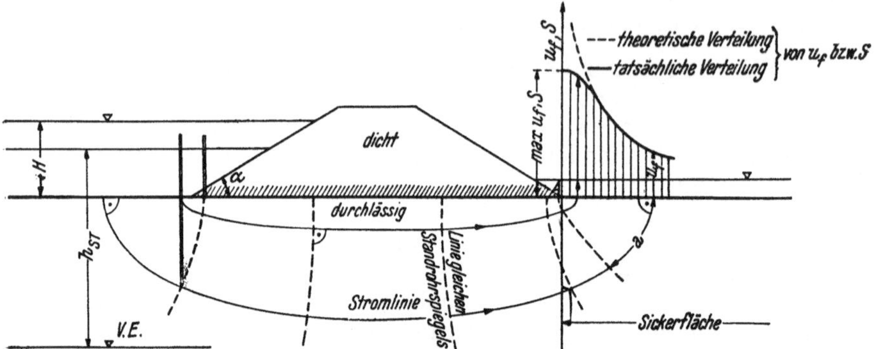

Abb. 56. Stromlinienverlauf in durchlässigem Untergrund eines dichten Dammkörpers.

Im Bereiche von A können durch die großen lotrechten Austrittsgeschwindigkeiten ($u \doteq 2{,}5\, u_f$) freie Bodenteilchen gehoben werden und kann schließlich bei fortschreitendem Abtrag unter Umständen ein *Grundbruch* entstehen. Von praktischem Interesse sind daher die kritischen Werte der Filtergeschwindigkeit u_f bezw. des zugehörigen Standrohrspiegelgefälles J_{St}, bei welchen ein Grundbruch zu erwarten ist.[1] Die kritischen Werte von $u_{f,k}$ und $J_{St,k}$ sind jene, bei welchen die vom strömenden Porenwasser auf die zu oberst lagernden freien Bodenteilchen ausgeübten Kräfte mit dem Gewichte dieser Teilchen im Gleichgewichte stehen (Abb. 57).

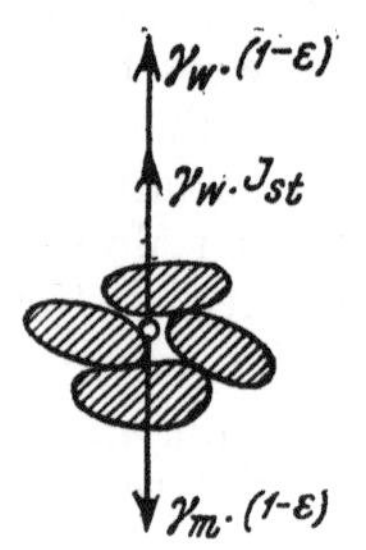

Abb. 57. Kräftewirkung bei lotrechter Durchströmung des Grundwasserträgers.

Bedeutet

ε = relative Porenziffer d. i. Porenraum: Raumeinheit,

S = Schleppkraft = $\gamma_w\, J_{St}$,

A = Auftrieb, näherungsweise = $\gamma_w\, (1-\varepsilon)$ und

G = Gewicht der Festmasse = $\gamma_m\, (1-\varepsilon)$,

dann lautet die Gleichgewichtsbedingung für die Raumeinheit des Bodens

$$\gamma_w\, J_{St,k} + \gamma_w\, (1-\varepsilon) - \gamma_m\, (1-\varepsilon) = 0.$$

Daher ist das kritische Standrohrspiegelgefälle

---

[1] *Dachler, R.:* Grundwasserströmung. Wien 1936.

$$J_{St,k} = \frac{(1-\varepsilon) \cdot (\gamma_m - \gamma_W)}{\gamma_W}.$$

Für natürliche Böden gilt im Mittel

$$\varepsilon = 0{,}4, \quad \gamma_m \doteq 2{,}6,$$

also wird

$$J_{St,k} \doteq \frac{(1-0{,}4) \cdot (2{,}6-1)}{1} \doteq 1$$

und $u_{f,k} = k\,J_{St,k} = k = $ Durchlässigkeit. Demnach ist Grundbruch zu erwarten, wenn:

$$\max\,(u_f) > u_{f,k} \quad \text{oder} \quad k\,\max\,(J_{St}) > k\,J_{St,k} \quad \text{bezw.} \quad \max\,(J_{St}) > 1.$$

Da $\max u_f$ bezw. $\max\,(J_{St})$ wegen der Unkenntnis der Trägheitsgefälle im Bereiche von A nicht berechenbar ist, kann man nur noch versuchen, das Grundbruchkriterium im Wege des Modellversuches zu lösen.

Derartige Modellversuche haben gezeigt, daß bei vollkommen homogenen Böden ein Grundbruch bei einem mittleren Stand-

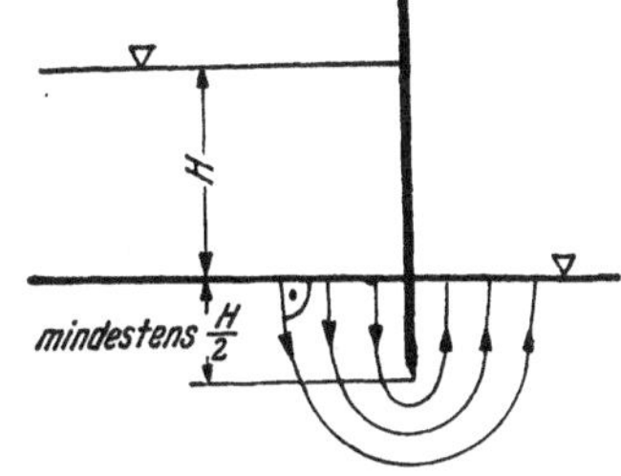

Abb. 58. Stromlinienbild bei einer Spundwand.

rohrspiegelgefälle für die Randstromlinie $H/B \gtrless 1$ eintritt. Daraus folgt aber, daß bei Dämmen mit vollkommen homogenem Untergrund (Idealfall), weil wegen der Trapezform $H/B > 1/4$, keine Grundbruchgefahr besteht.

Dagegen erfordern schmale Objekte, wenn J_{St} sich dem Werte Eins nähert, eine besondere Beachtung. Beispielsweise müssen Spundwände zur Vermeidung des Grundbruches auf eine Tiefe von mindestens der halben Wassertiefe gerammt werden (Abb. 58). Wegen ungleichmäßiger Lagerung des natürlichen Bodenmaterials ist bei Wehrkörpern, wenn $H/B \doteq 1$, unbedingt eine Grundbruchsicherung vorzusehen (Grundbruchfilter).[1]

b) Durchlässiger Dammkörper auf dichtem Untergrund. Unter der vereinfachenden Annahme, daß der binnenseitige Wasserspiegel in Höhe des Terrains liegt, ergibt sich das in Abb. 59 dargestellte Stromlinienbild.

Weil längs der Sickerfläche (Böschungsfläche) der Druck $p = 0$ herrscht, folgt aus $h_{St} = z + p/\gamma_W$ (Standrohrspiegelhöhe = = Ortshöhe + Druckhöhe): $h_{St} = z$ und die Filtergeschwindigkeitskomponente in Richtung der Böschung (t — Richtung):

$$u_{f\,.t} = k\,\frac{\Delta h_{St}}{\Delta t} = k\,\frac{\Delta z}{\Delta t} = k \sin \alpha = \text{konst.}$$

---

[1] *Terzaghi, K.:* Erdbaumechanik. Wien. 1925.

Da in B die Stromlinie die Böschungsfläche tangiert und in A senkrecht zur Böschungsfläche steht, wächst die totale Filtergeschwindigkeit u_f im Bereiche der Sickerfläche $(B - A)$ von $k \sin \alpha$ theoretisch auf unendlich und praktisch, wegen der auf-

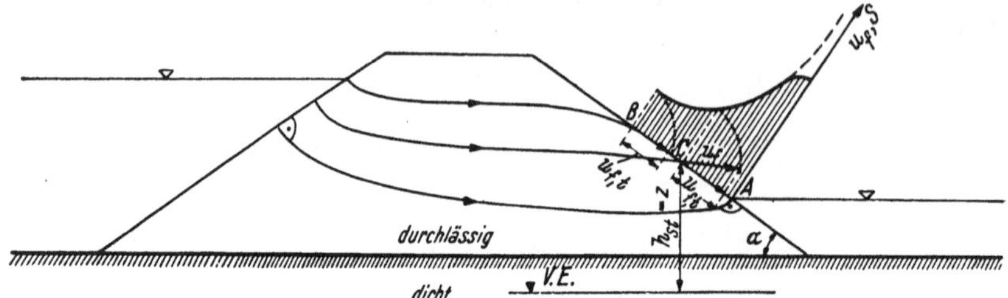

Abb. 59. Stromlinienverlauf im durchlässigen Dammkörper auf dichtem Untergrunde.

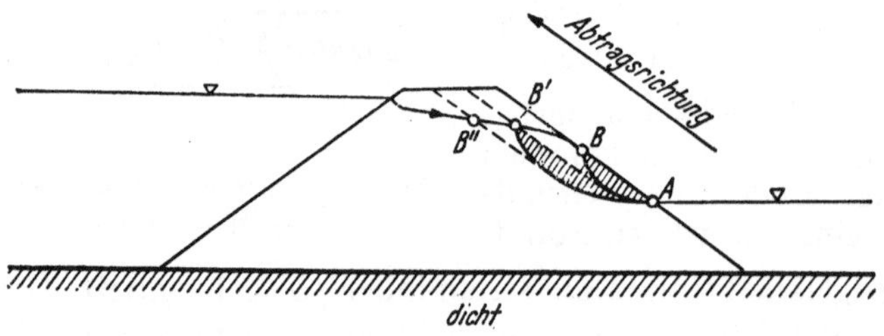

Abb. 60. Binnenseitiger Abtrag des Dammkörpers.

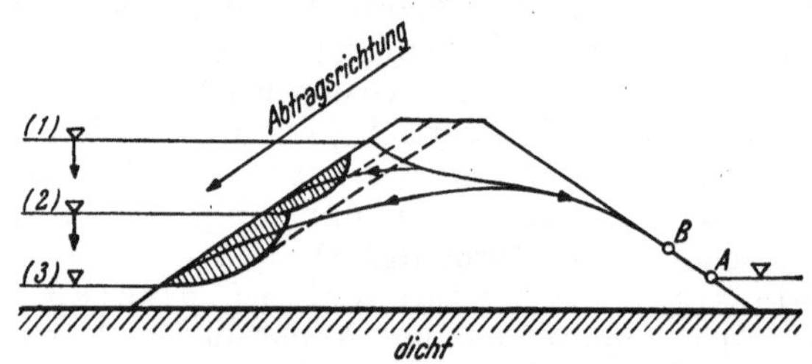

Abb. 61. Wasserseitiger Abtrag bei rascher Wasserspiegelsenkung.

tretenden Trägheitskräfte, auf einen großen endlichen Wert an. Infolgedessen beginnt bei zu geringem Bodenwiderstand ein Abtrag (Erosion) bei A und schreitet böschungsaufwärts fort. Der durch Wasseraustritt hervorgerufene Abtrag wird noch durch das in dünner Schicht über die Böschung abfließende Sickerwasser verstärkt. Durch weitgehende Unterhöhlung der binnenseitigen Böschung können in weiterer Folge Rutschungen eingeleitet werden, die schließlich den Dammkörper so weit abtragen, daß eine Überströmung von der Wasserseite her den Damm vollständig zerstört (Abb. 60).

Wird der wasserseitige Spiegel abgesenkt, dann entsteht der in Abb. 61 eingezeichnete Stromlinienverlauf. Die nunmehr auch an der wasserseitigen Böschung auftretenden Wasseraustritte erzeugen an dieser Böschung Abtrag und Rutschungen, die jetzt auch von der Wasserseite her den Dammkörper gefährden und zwar umso mehr, je rascher die Spiegelsenkung vorgenommen wird. Die Abtragrichtung ist in diesem Falle böschungsabwärts.

In beiden besprochenen Fällen sind Gegenmaßnahmen durch Ausführung von durchlässigen Innenbermen vorzusehen.[1]

B. Verhalten von bindigem Material.

Wesentlich anderes Verhalten als rolliges Material zeigen bindige (tonhaltige) Böden. Während in rolligen Schüttungen nur die Kapillarkraft des Porenwassers maßgebend ist, treten bei bindigen und gemischten Böden die durch die Feinstruktur (Wabenstruktur) bedingten bodenphysikalischen Eigenschaften (Quell- und Schrumpfvermögen) in den Vordergrund. Die Verwendung derartiger Materialien hat daher mit Berücksichtigung der Forschungsergebnisse der Bodenphysik nach den Grundsätzen der Erdbaumechanik zu erfolgen.

IX. Der Klärvorgang (Sedimentation).

Geschiebeablagerungen in Seen, neugestalteten Stauräumen oder Entsandungsanlagen beginnen am Rückstauende und schreiten in der Fließrichtung sowie auch entgegen derselben vorwärts. Schwebestoffablagerungen erfolgen im gesamten Klärraume gleichzeitig, wobei die Korngröße am Stauende jene im Bereiche des Ausflusses übertrifft.

1. Bestimmung der Sinkgeschwindigkeit. Versuche haben ergeben, daß die Sinkgeschwindigkeit v feiner Teilchen bei kleiner Fließgeschwindigkeit u vom Korndurchmesser d, vom Einheitsgewicht γ_m des Schwebestoffes und vom Einheitsgewicht γ_W der Flüssigkeit (reines oder getrübtes Wasser) sowie von seiner Temperatur abhängig ist. Größere Geschwindigkeiten u vermindern v infolge Turbulenz. Bei Fließgeschwindigkeiten $< 0,3$ m/sek beschleunigen sich die Teilchen rasch auf die konstante Sinkgeschwindigkeit v.

---

[1] *Schaffernak, F.:* Über die Standsicherheit durchlässiger, geschütteter Dämme. Allgem. Bauzeitung, 1917, H. IV.

Unter Verwendung der Grundgleichungen für laminare Wasserbewegung hat *G. Stokes* die Sinkgeschwindigkeit v berechnet mit

$$v = \frac{1}{18}\left(\frac{\gamma_m}{\gamma_w} - 1\right)\frac{g}{\nu}\,d^2 \doteq \frac{763}{\nu}\,d^2 \ldots \text{mm/sek.}$$

Hierin ist für eine Wassertemperatur von

	0^0	10^0	20^0	
$\nu =$	1,81	1,33	1,03	$\ldots$ mm²/sek

einzusetzen. Diese Gleichung liefert erfahrungsgemäß zu große Werte.

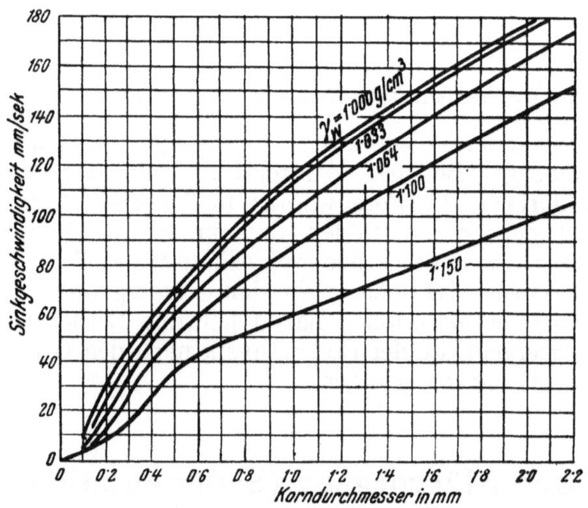

Abb. 62. Sinkgeschwindigkeiten in trübem Wasser.

Bei *empirischer* Ermittlung der Sinkgeschwindigkeit hat es sich gezeigt, daß die Schlämmanalyse und Fallversuche im *stehenden* Wasser praktisch die gleichen Ergebnisse liefern.

Nach *Atterberg* ergab sich für *reines* Wasser
für $d = 0,1,\quad 0,2,\quad 0,3,\quad 0,4,\quad 0,5$ mm,
$\quad v = 8,\quad 20\quad 32\quad 44\quad 56$ mm/s.

Nach Versuchen von *L. Sudry* ist, wie die Abb. 62 zeigt, in *trübem* Wasser die Sinkgeschwindigkeit wesentlich und zwar bis auf 60 v. H. herabgemindert.

Bei *fließendem* Wasser sind die angeführten Werte nur bis $u = 0,2$ m/s zutreffend. Bei größeren u müssen Fallversuche in Gerinnen mit Fließgeschwindigkeiten vorgenommen werden, wie sie im Klärbecken vorkommen.

Mit Hilfe der Schlämmanalyse und der Fallversuche lassen sich Schwebestoffgemische in einzelne Mischungsstufen (Fraktionen) zerlegen. Das Ergebnis wird zweckmäßig in Form von

Summenlinien und zwar der *Mischungslinie* (Charakteristik der Schwebestoffe nach Korngrößen) und der *Klärlinie* (Charakteristik der Schwebestoffe nach Sinkgeschwindigkeiten) dargestellt, woraus die zu einer bestimmten Korngröße gehörige Sinkgeschwindig= keit zu entnehmen ist (Abb. 63).

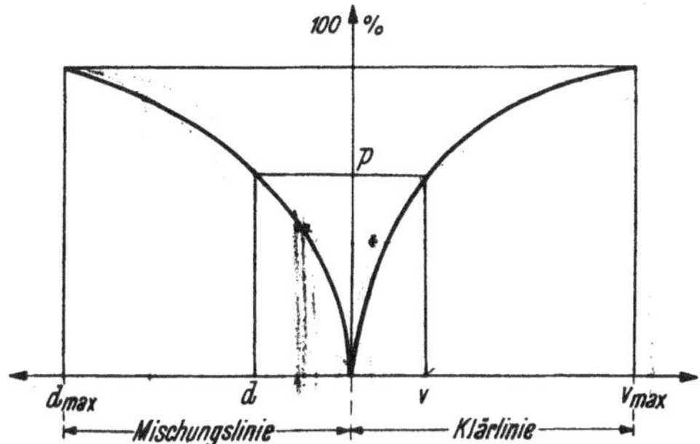

Abb. 63. Mischungslinie und Klärlinie.

2. Ermittlung der Größe des Klärbeckens. In einem
Klärbecken von durchwegs gleichem rechteckigen Durchflußquerschnitt $(B \times H)$ und bekannter Geschwindigkeitsverteilung
$u = f(h)$ ergibt sich bei gegebener Sinkgeschwindigkeit v eines

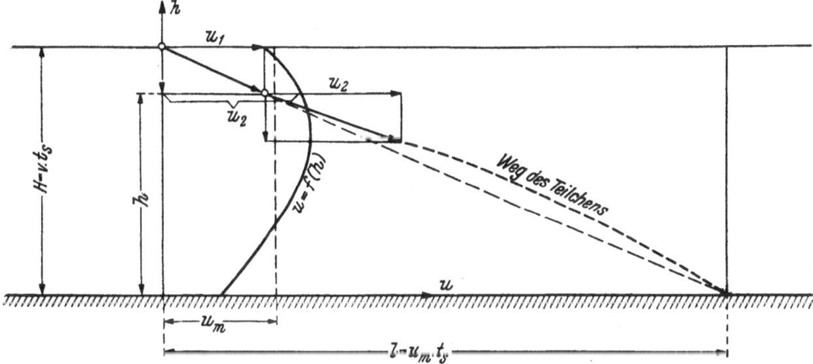

Abb. 64. Weg eines absinkenden Schwebestoffteilchens im Klärbecken.

Schwebestoffteilchens der in Abb. 64 dargestellte Weg für ein an
der Wasseroberfläche eingebrachtes Teilchen.

Ist für eine bestimmte Korngröße d die Sinkgeschwindigkeit v,
die mittlere Durchflußgeschwindigkeit u_m, die Sinkdauer t_s und
die Abtriebsweite l, dann folgt aus Abb 64

$$H : l = v : u_m,$$

also die Sinkgeschwindigkeit $\quad v = \dfrac{u_m H}{l}$.

$$\text{Weil} \quad Q = u_m\, B\, H,$$

ergibt sich die Klärzeit mit $\quad t_s = \dfrac{l}{u_m} = \dfrac{B\,H\,l}{Q}$

und der notwendige Klärraum $V = B\,H\,l = Q\,t_s = Q\,\dfrac{H}{v}$ und die notwendige Klärraum-Grundfläche mit

$$B\,l = \frac{Q}{v}\,,$$

welche Größe unabhängig vom H ist.

Diese Gleichung behält ihre Gültigkeit auch für ein an der Wasseroberfläche eingeführtes Schwebestoffgemisch, nur ist für v der Wert für das kleinste noch zurückzuhaltende Korn d_{min} einzusetzen.

Beispielsweise wird bei Wasserkraftanlagen das mit Rücksicht auf den Abschliff der Turbinenschaufeln noch zulässige d_{min} mit 0,3—0,5 mm angenommen. Dem entspricht $v = 30$—50 mm/sek und eine Grundfläche des Klärraumes $= (33 - 20)\,Q_{e,\,max}$.

Die notwendige Größe des Klärraumes ist durch zweckmäßige, von der Geländegestaltung und den Bodenverhältnissen abhängige Wahl von H/L und von der Annahme einer Wassertiefe des Klärbeckens, die u_m weitgehendst herabsetzt, zu erreichen.

3. Ermittlung der Klärwirkung eines Klärbeckens. Die Berechnung der Klärwirkung, nach einem Verfahren von *R. Dachler*, erfolgt unter nachstehenden, vereinfachenden Annahmen:

1. Klärraum von der Länge L und durchwegs gleichem Querschnitt $B \times H$, wobei die Inhaltsänderung während des Klärvorganges vernachlässigbar sei,

2. Gleichheit der Fließgeschwindigkeit u an allen Punkten des Klärraumes und

3. Gleichheit des Schwebestofftriebes s an allen Punkten des Einlaufquerschnittes A.

Der Klärvorgang spielt sich in der Weise ab, daß von den im Einlaufquerschnitte A zugeführten Schwebestoffen die Korngrößen d_{max} bis d_1 zur Gänze im Klärbecken von der Länge L abgelagert werden, deren Sinkgeschwindigkeit $\dfrac{u\,H}{L}$ und mehr beträgt (Abb. 65). Vom übrigen, $p\%$ betragenden Gemischanteil bleiben die hierin enthaltenen Teilchen von der Größe $\leqq d_1$ zum Teil im Klärbecken liegen, zum Teil werden sie abgetrieben. Ein Rückhalt erfolgt, wie aus dem schematischen Längsschnitt hervorgeht, wenn bei den verschiedenen Tiefenlagen, in welchen die Teilchen eingebracht werden, die Sinkgeschwindigkeit größer als $\dfrac{u\,h}{L}$ ist.

Von den in der Tiefenlage h eintretenden Korngrößen $< d_1$ werden jene mit Sinkgeschwindigkeiten $v > \dfrac{u\,H}{L}$ abgesetzt, jene mit Sinkgeschwindigkeiten $v < \dfrac{u\,H}{L}$ abgetrieben u. s. w.

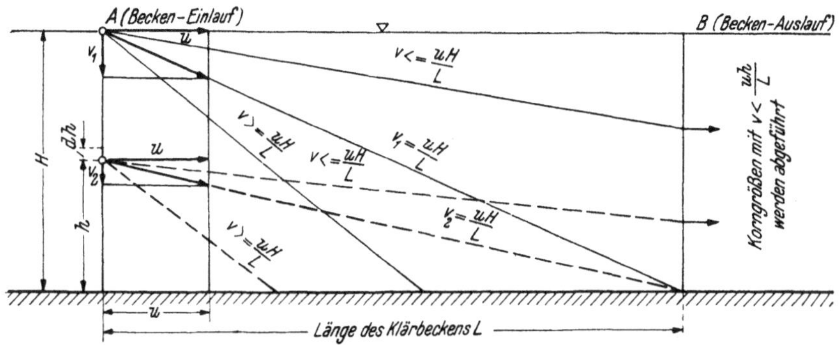

Abb. 65. Klärverlauf im Längsschnitt des Klärbeckens.

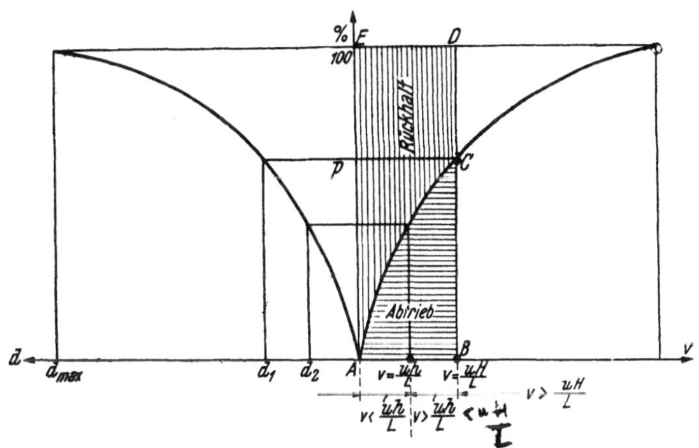

Abb. 66. Graphische Ermittlung der Klärwirkung nach *R. Dachler*.

Somit beträgt, wie aus Abb. 66 hervorgeht, die *abgetriebene* Schwebestoffmenge

$$S_B = \int\limits_0^{v=\frac{uH}{L}} B\,u\,s\,\frac{p}{100}\,dh$$

und weil $u\,h = v\,L$, also $u\,dh = L\,dv$, folgt

$$S_B = \int\limits_0^{v = \frac{uH}{L}} B\,L\,s\,\frac{p}{100}\,dv = \frac{B\,L\,s}{100}\int\limits_0^{v = \frac{uH}{L}} p\,dv = \frac{B\,L\,s}{100} \times \text{Fläche }(A\ B\ C).$$

Weil die *zugeführte* Schwebestoffmenge

$$S_A \ \text{durch}\ \frac{B\,L\,s}{100} \times \text{Fläche }(A\ B\ D\ E)$$

gekennzeichnet ist, folgt das *Maß der Klärwirkung* mit

$$\frac{\text{Rückhalt}}{\text{Schwebestoffzufuhr}} = \frac{\text{Fläche }(A\ C\ D\ E)}{\text{Fläche }(A\ B\ D\ E)}.$$

Die Erfahrung zeigt, daß auch in großen Seen keine vollkommene Klärung eintritt, wenn sehr feinverteilte Trübe, wie etwa Gletschermilch, vorhanden ist.

Zweiter Teil.

Flußbau.

Flußbau.

Flüsse, die sich selbst überlassen werden, verwildern, und zwar vornehmlich durch die Hängerutschungen in den Engtälern und Flußzersplitterungen in den weiten, aufgeschütteten Talböden (Abb. 67). Es kommt zu Schädigungen in der *Landwirtschaft* durch Zerstörung von Kulturgründen infolge von Ufereinrissen, Überschwemmungen und Grundwasserspiegeländerungen, in der *Schiffahrt* zu ungünstigen Talwegsverlegungen und Wassertiefenveränderungen und in der *Wasserkraftnutzung* erhöhen sich die Baukosten, weil nur an geregelten Flußläufen eine erfolgreiche Kraftnutzung möglich ist. Hiedurch entstehen schwere Verluste am Volksvermögen und daher ist eine Regelung der Flußläufe notwendig.

Allgemein kann über die Flußregelung gesagt werden, daß sie nicht nur hohe Baukosten, sondern auch bedeutende Erhaltungskosten verlangt, da ein Sparen in dieser Hinsicht zu Katastrophen führen kann. Die Wirkungen von Flußbauten sind indirekter Natur und kommen erst nach langer Ausbildungsdauer zur vollen Geltung, erstrecken sich jedoch auf den gesamten Lebensraum.

Die Ausführung von Flußbauten ist gewöhnlich bautechnisch einfach. Das Schwergewicht der Ingenieurarbeit liegt in der fachlich richtigen Anwendung der Lehren der Flußmorphologie. Sie verlangt aber eine außergewöhnliche Beobachtungsgabe in Natur und Laboratorium. Wegen der besonderen Schwierigkeiten in der Analyse morphologischer Vorgänge und nicht zuletzt infolge der mit der Naturbeobachtung verbundenen physischen Beanspruchung schreitet die Forschung auf diesem Gebiete nur langsam vorwärts. Die Unternehmerarbeit bei der Bauausführung setzt vielfache Erfahrung in der Bauorganisation voraus, da große Materialmengen an ausgedehnten Baustellen zu verarbeiten sind.

Als oberste *Grundsätze* der Regelungsarbeit haben zu gelten:

1. Jede Regelung ist in erster Linie unter Berücksichtigung der Landeskultur und

2. jede Regelung ist einheitlich, zumindest in der Planung, im gesamten Flußlauf, bezw. Gewässernetz durchzuführen.

Das Gesamtlehrgebiet des Flußbaues gliedert sich in *Wildbachverbauung* und *Flußregulierung* (-Regelung) (Abb. 68).

Gehängerutschungen in Engtälern: z. B. Enterbach bei Inzig in Tirol.

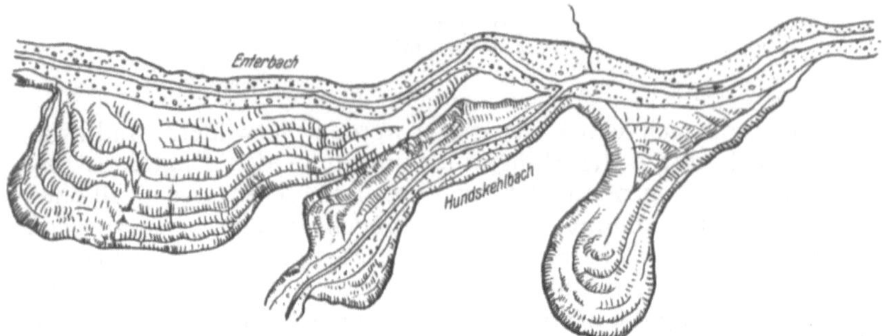

Flußzersplitterung in aufgeschütteten Talböden: z. B. Donau bei Wien.

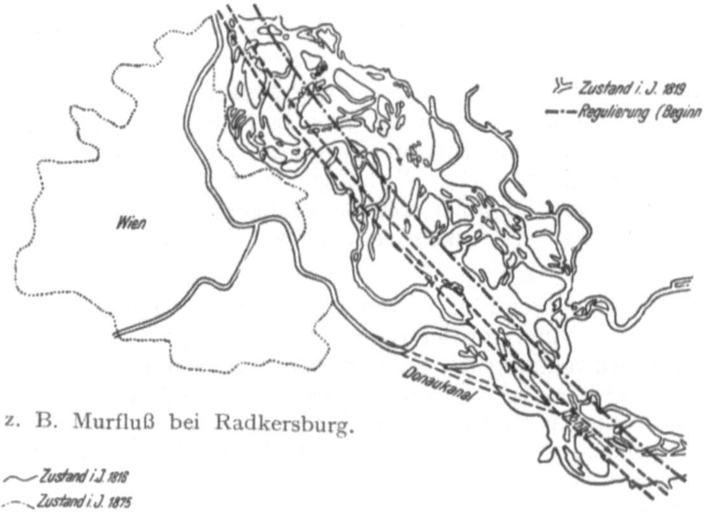

z. B. Murfluß bei Radkersburg.

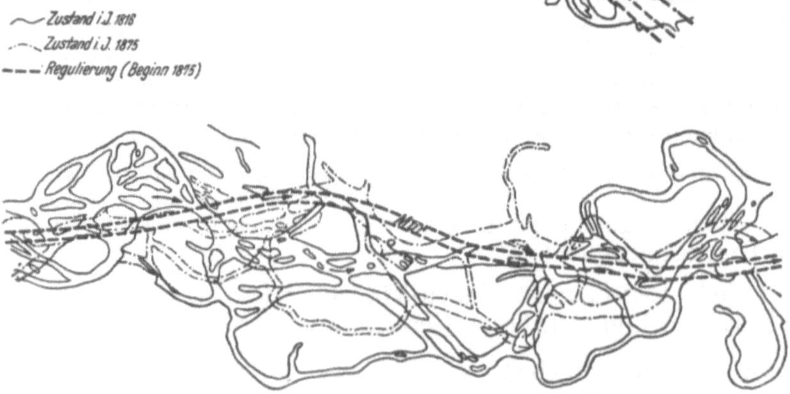

Abb. 67. Flußverwilderung infolge Gehängerutschungen und Flußzersplitterung.

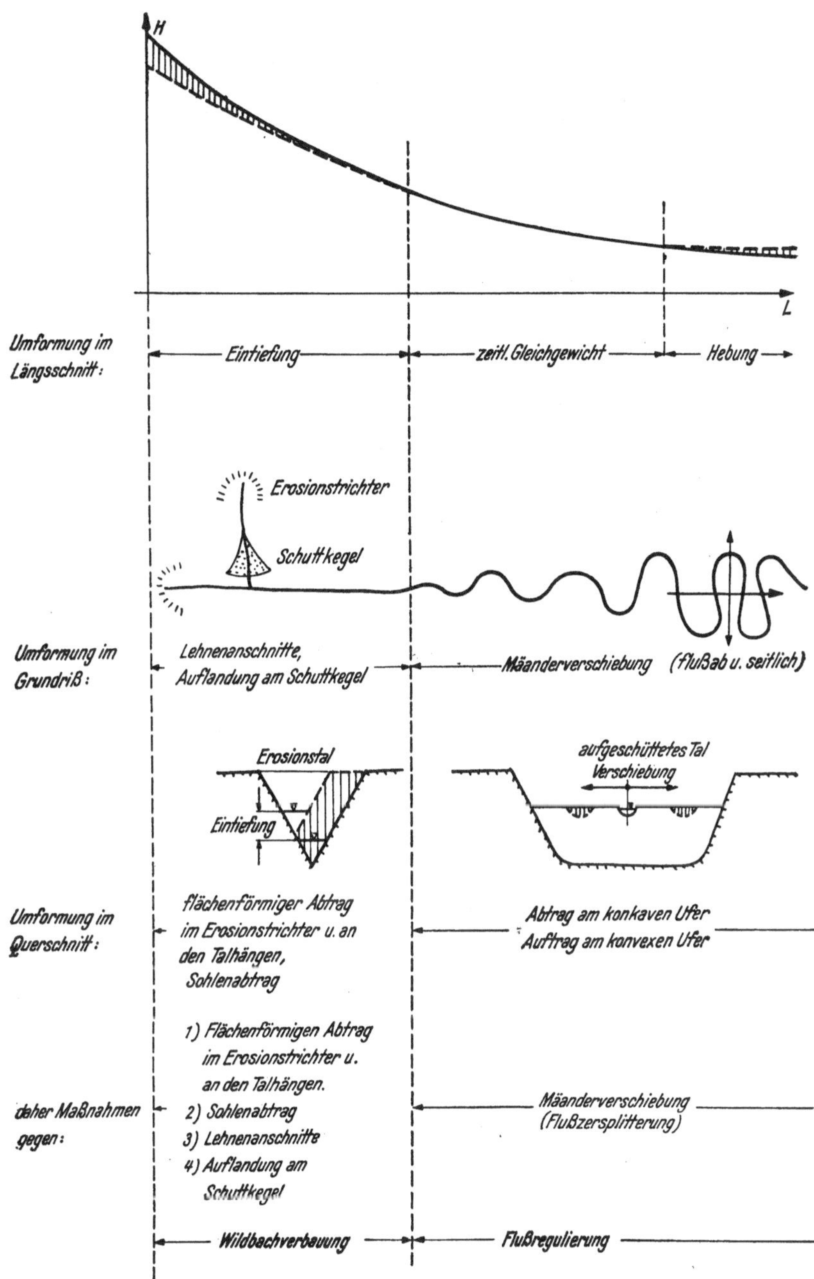

Abb. 68. Unterteilung des Lehrgebietes Flußbau.

A. Wildbachverbauung.

I. Zweck und Ziele der Wildbachverbauung.

Die Wildbachverbauung bezweckt die Bekämpfung des Abtrages und der damit im Zusammenhang stehenden außergewöhnlichen Abfuhr von Sinkstoffen, weil diese zu verheerenden Wirkungen nicht nur im Wildbachgebiete, sondern auch in dem anschließenden Flußsystem führen kann.[1]

Der Abtrag von Schuttmaterialien erfolgt in erster Linie im Erosionstrichter. Die dort gelockerten Materialien werden dann durch das anschließende, steil geneigte Engtal (Tobel) befördert. Dort erfahren sie durch Lehnenanschnitte eine weitere Vermehrung und werden schließlich auf dem Schuttkegel, der sich am Talausgange ausbildet, abgelagert (Abb. 69).

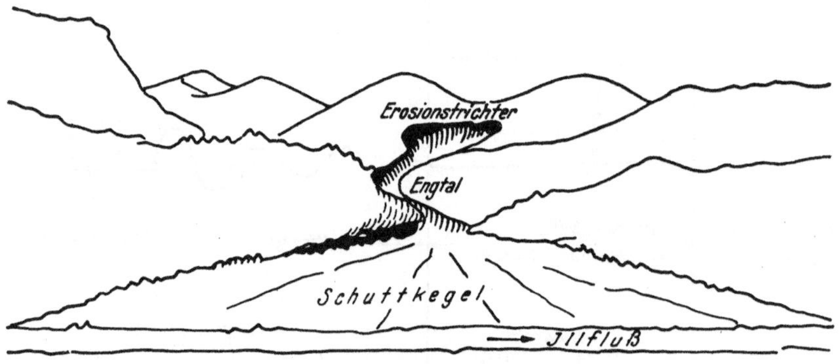

Abb. 69. Schesatobel bei Bludenz.

Im Erosionstrichter erfolgt der Abtrag mehr oder weniger flächenförmig, während im Engtal durch Unterwühlen der Lehnen Rutschungen ausgelöst werden, welche die Schuttmaterialien stoßweise in Bewegung setzen. Am Schuttkegel werden dann diese Materialien zum überwiegenden Teile aufgelandet, bei welchem Vorgange man drei Ausbildungsphasen unterscheiden kann (Abb. 70) und zwar:

1. Auflandung unter einem Böschungswinkel α bei einem Wasserabfluß in dünner Schicht (tg α = Überflutungsgefälle).

2. Ausbildung des Gleichgewichtsgefälles tg β, wobei das Wasser in einem geschlossenen Gerinne abfließt, nachdem zuvor die Auflandung bis zum Punkte A unter dem Böschungswinkel α erfolgt ist.

---

[1] *Wang:* Grundriß der Wildbachverbauung. Wien, 1906. An dieses klassische Werk lehnen sich die folgenden auszugsweisen Darstellungen an. — *Stiny, J.:* Geologische Grundlagen der Verbauung der Geschiebeherde in Gewässern. Wien, 1931. — *Strele, G.:* Grundriß der Wildbachverbauung. Wien, 1934 und 1950.

3. Schließlich Ausbildung eines Schuttkegels mit dem Basiswinkel β, indem durch örtliche Geschiebestauungen in dem geschlossenen Gerinne Ausuferungen unter Beibehaltung des Gefälles tg β stattfinden.

Zusammenfassend können also die zu bekämpfenden *Ausbildungstendenzen* eines Wildbaches durch folgende Auswirkungen gekennzeichnet werden (Abb. 68):

1. Flächenförmiger Abtrag im Erosionstrichter und auf den Talhängen.

2. Sohlenabtrag in den Runsen des Erosionstrichters und im Engtal (Tobel).

3. Lehnenanschnitte im Engtal.

4. Auflandung am Schuttkegel.

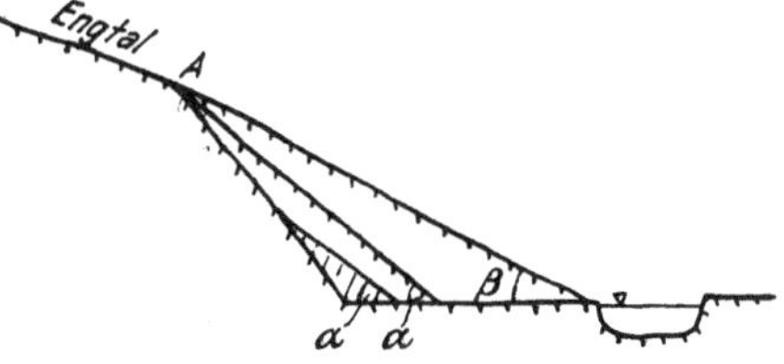

Abb. 70. Ausbildungstendenz des Schuttkegels (Wang, Wildbachverbauung).

Gegen diese schädlichen Wirkungen müssen *Gegenmaßnahmen* eingesetzt werden und zwar:

1. Hangfestigungen im Erosionstrichter und an den Talhängen.

2. und 3. Festigungen der Gerinnesohle und Sicherung der Ufer.

4. Rückhalt von bereits in den Wasserlauf gelangten Schuttmaterialien und Gerinneherstellung am Schuttkegel.

Hiernach ergeben sich unter Bedachtnahme der technischen Möglichkeiten die *Verbauungssysteme* und unter Rücksichtnahme auf vorhandene Baustoffe und Zufuhrmöglichkeiten die *Bautypen*.

Die *Baufolge* in dem ausgedehnten Baugebiet richtet sich nach Notwendigkeit und Zweckmäßigkeit. Die Notwendigkeit einer talaufwärtigen Aufeinanderfolge der Bauausführungen ist beispielsweise gegeben, wenn bei allfälliger Besiedlung am Schuttkegel Gefahr in Verzug ist. Zweckmäßig dagegen erweist sich eine talabwärtige Reihenfolge der Bauten, wenn die Wirkung einer verbauten Oberstrecke auf die Unterstrecke in Betracht gezogen wird.

II. Durchführung der baulichen Gegenmaßnahmen.[1]

1. Hangfestigungen im Erosionstrichter und an den Talhängen. Die Maßnahmen richten sich nach der Ursache der Störungen und nach der Standsicherheit des Hanges, die je nach der Art des Hangmaterials, ob Fels oder Glacialschutt, verschieden ist.

Die Ursache der Störungen kann liegen in Gletscherausbrüchen, Lawinen, Sickerwässern oder Tagwässern.

---

[1] Die in den Bautypen Abb. 72 und 79—87 eingetragenen Maße sind nur als Beispiele zu werten.

a) **Bauliche Maßnahmen gegen Gletscherausbrüche.**
Gletscherausbrüchen kann nichts widerstehen. Man muß die gefährlichen Wasseransammlungen verhindern oder beherrschen. Dafür gibt es verschiedene Möglichkeiten. Z. B. beim Ausbruche des Zufallferners im Martelltale (1891) ist durch Errichtung einer Talsperre flußab der Ausbruchstelle der schädliche Wasserabfluß aus dem entstandenen Gletschersee verhindert und dann geregelt worden (Abb. 71).

b) **Bauliche Maßnahmen gegen Lawinen.** Diese Maßnahmen können bestehen in der Errichtung von

1. Lawinenleitdämmen und Lawinengalerien zur Ablenkung der Lawinen,

2. Schneezäunen zum Auffangen der in Bewegung geratenen Lawinen (Abb. 72 a),

3. Erdgräben, Schneefängen aus Holz oder Stein und Verpfählungen zum Festhalten des Schnees im Anbruchgebiet (Abb. 72 b—d).

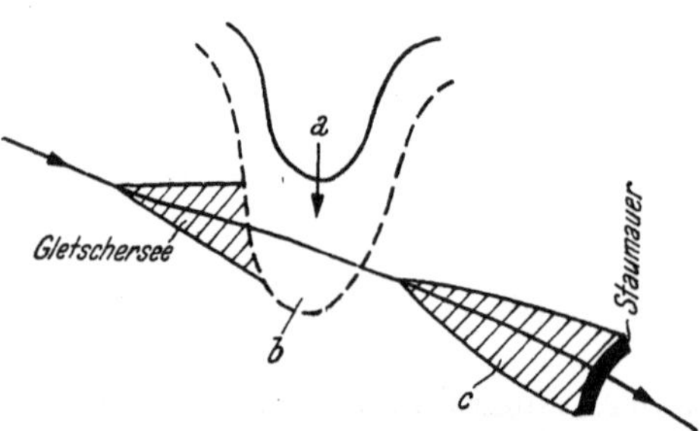

Abb. 71. Gletscherausbruch des Zufallferners in Tirol im Jahre 1891. *a*) Gletscherzunge, *b*) Vorstoß des Gletschers, *c*) Stauraum.

c) **Bauliche Maßnahmen gegen Sickerwässer.** Weitgehende Durchfeuchtung kann zur Breibildung und schließlich zu *Murgängen* führen. Als Gegenmittel kommen die Verhinderung des Eindringens der Tagwässer oder die Sammlung und Ableitung der Sickerwässer in Schlitzen oder Stollen in Betracht, wie sie bei Bodenentwässerung von Grundstücken im landwirtschaftlichen Wasserbau Verwendung finden (Abb. 72 e).

d) **Bauliche Maßnahmen bei Flächenabtrag durch Tagwasser.** Die gesamte Bruchfläche im Erosionstrichter und an den Talhängen ist in abgedachte Flächen aufgelöst. Dort findet vornehmlich flächenförmiger Abtrag durch Abschwemmen statt. Dieses Abschwemmen wird durch flächenförmige Sicherungen herabgesetzt (Geschiebebindung) und zwar durch: Besämung, Berasung, Bepflanzung, Stützung durch Flechtzäune oder niedrige Stützmauern und Aufforstung (Abb. 72 f).

2. Festigung der Gerinnesohle. Solche Festigungsbauten werden durchlaufend oder abschnittsweise ausgeführt; durchlaufend mittels schalenförmiger Sohlensicherung oder Herstellung einer rauhen Sohle aus Setzlingen (Garnisage), abschnittsweise durch Staffelung mit Hilfe kleiner Sperren oder Grundschwellen, wodurch eine Zerlegung des Längenprofiles in einzelne Gleichgewichtsstrecken (Gleichgewichtsgefälle $= J_{gl}$) erfolgt und durchlaufend sowie abschnittsweise durch Verbindung von Schale und Staffelung.

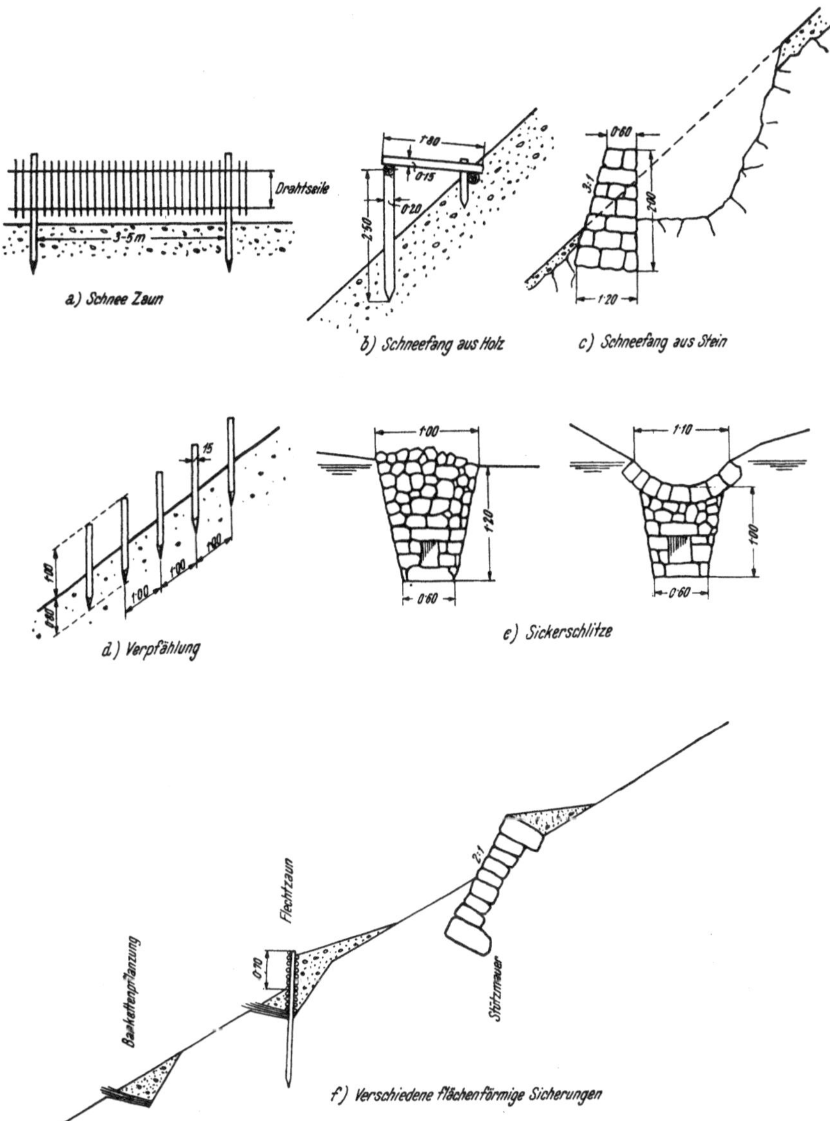

Abb. 72 *a—f.* Hangfestigungen im Erosionstrichter und an den Talhängen. (Wang: Wildbachverbauung und Denkschrift über die Wildbachverbauung in Tirol, Innsbruck 1896.)

Die Ausführung von schalenförmigen Sohlensicherungen kann je nach dem Vorhandensein und leichterer Bringungsmöglichkeit des Baumateriales in Holz oder Stein erfolgen (Abb. 73).

Bei Staffelbauten wird jene Ausführungsart vorgezogen, bei der das in der Nähe vorhandene Baumaterial verwendet werden kann. Im allgemeinen sind Steinbauten teurer als Holzbauten, jedoch haltbarer. Sperren (Abb. 74) vermindern die Geschiebe-

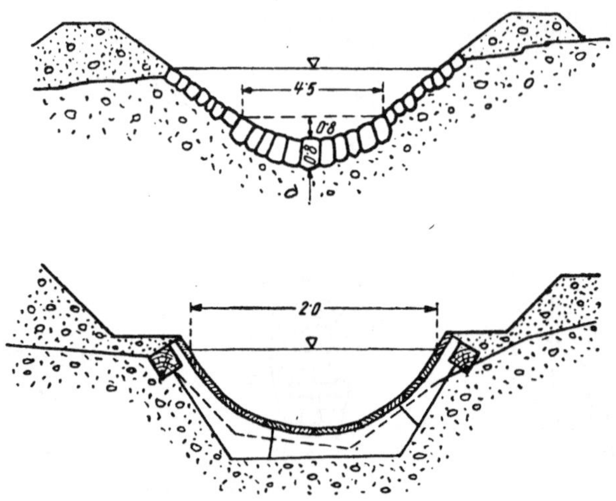

Abb. 73. Schalenförmige Festigung der Gerinnesohle aus Stein und Holz.

fracht und sichern die Ufer bezw. Hänge durch die natürliche Auffüllung; Grundschwellen (Abb. 75) vergrößern die Geschiebe-fracht und können infolge des Abtrages Hangrutschungen ver-ursachen. Infolgedessen sind vom morphologischen Standpunkt aus die Sperren vorzuziehen.

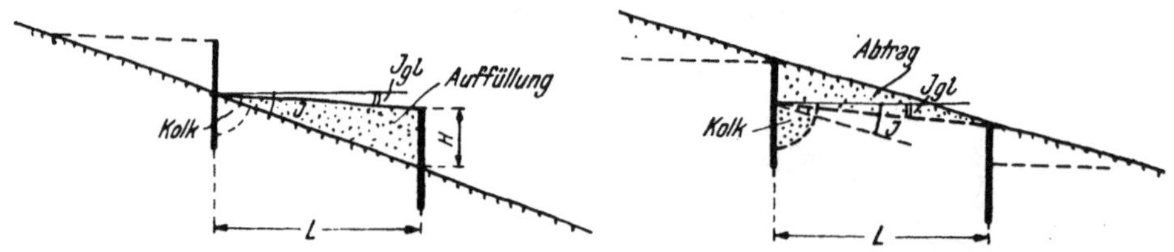

Abb. 74. Morphologische Wirkung   Abb. 75. Morphologische Wirkung
von Staffelsperren.   von Grundschwellen.

Eine Untersuchung, ob die Sperren auch vom Standpunkte der Kosten der Bauausführung und der Erhaltung aus Vorteile gegen-über den Grundschwellen bieten, führt zu folgenden Feststellungen:
Grundschwellen müssen versenkt werden, erfordern also wegen des Aushubes längere Bauzeit und höhere Kosten. Daher sind auch in dieser Hinsicht Sperren vorzuziehen. Bei der Er-

haltung spielt die Standsicherheit des Objektes eine ausschlaggebende Rolle. Diese ist neben der konstruktiven Durchbildung des Querkörpers in erster Linie von der Güte des gegen den Kolk sichernden Sturzbettes abhängig. In dieser Beziehung sind Sperren und Grundschwellen ziemlich gleichwertig.

a) **Austeilung der Staffelsperren.** Je größer die Sperrenhöhe, desto größer das Gleichgewichtsgefälle J_{gl}, weil bei größerer Profilbreite ($B' > B$) die Fülltiefe sich verringert und damit die

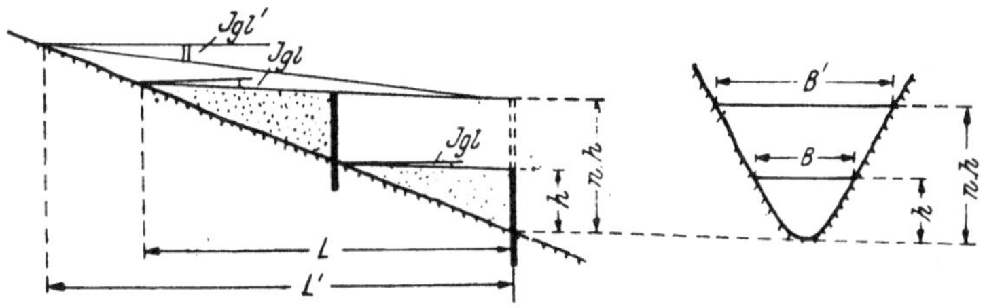

Abb. 76. Austeilung von Staffelsperren.

Schleppkraft abnimmt (Abb. 76). Weiters ist zu beachten, daß die Breite des Abflußbandes in der Auflandungsstrecke niemals größer als die Gleichgewichtsbreite des Flußlaufes sein kann, weil bei $B >$ als Gleichgewichtsbreite, Mäanderbildung in der Auflandungsstrecke eintritt.[1]

Es stehen sonach den Vorteilen höherer Sperren, wie größeres Gleichgewichtsgefälle J_{gl}', größere Auffüllungslänge L' und geringere Anzahl der Objekte, günstigere Auswahl in der Austeilung der Sperren und damit Anpassung an zweckmäßigere Lage und besseren Untergrund, die Nachteile, wie größere Einheitskosten wegen exakterer Bauausführung und Verwendung besonders geschulter Arbeitskräfte sowie die schwierigere Erhaltung wegen Kolkgefahr, entgegen. Aus diesem Grunde werden in der Regel Sperren geringerer Bauhöhe ausgeführt.

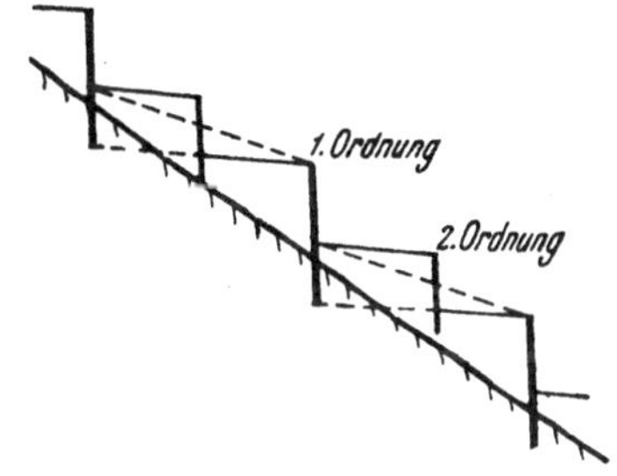

Abb. 77. Staffelsperren 1. und 2. Ordnung.

Für die Baudurchführung ist grundsätzlich zu beachten:

1. Talabwärtige Baufolge ist einzuhalten, wenn nicht sofortiger örtlicher Schutz, etwa am Schuttkegel, notwendig ist.

2. Die Bauobjekte auf gutem Felsgrund sind zuerst zu errichten und haben dann den talaufwärtigen als Stütze zu dienen.

---

[1] *Schaffernak, F.:* Die Ausbildung von Gleichgewichtsprofilen in geraden Flußstrecken mit Geschiebebett. Allg. Bauz. 1916, H. 4.

3. Weil mit zunehmender späterer Verbauung der Nebentäler die Geschiebefracht abnimmt, wird in dem schon früher zur Ruhe gekommenen Haupttal das Gleichgewichtsgefälle abnehmen, wodurch eine Unterkolkung der Sperren erster Ordnung eintreten

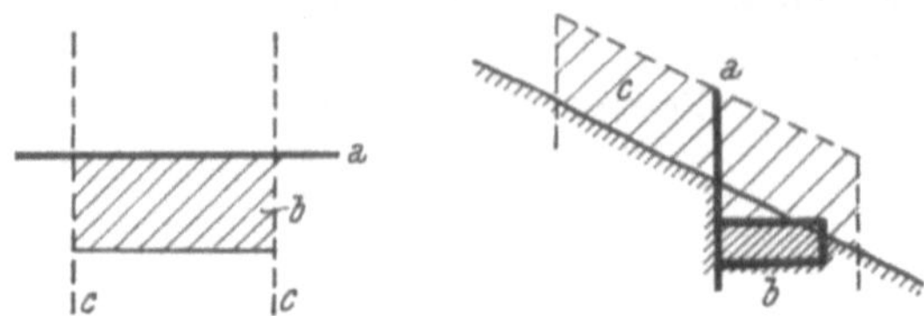

Abb. 78. Grundsätzliche Ausführungsform von Staffelbauten.
a) Sperrenkörper, *b*) Sturzbett, *c*) Hangsicherungen.

kann. Die Beseitigung dieser Gefahr erfolgt durch Errichtung von Sperren zweiter Ordnung (Abb. 77).

b) **Bautechnische Ausgestaltung der Staffelsperren.** Es wird hier nur auf die Behandlung *niedriger* Sperren bis etwa

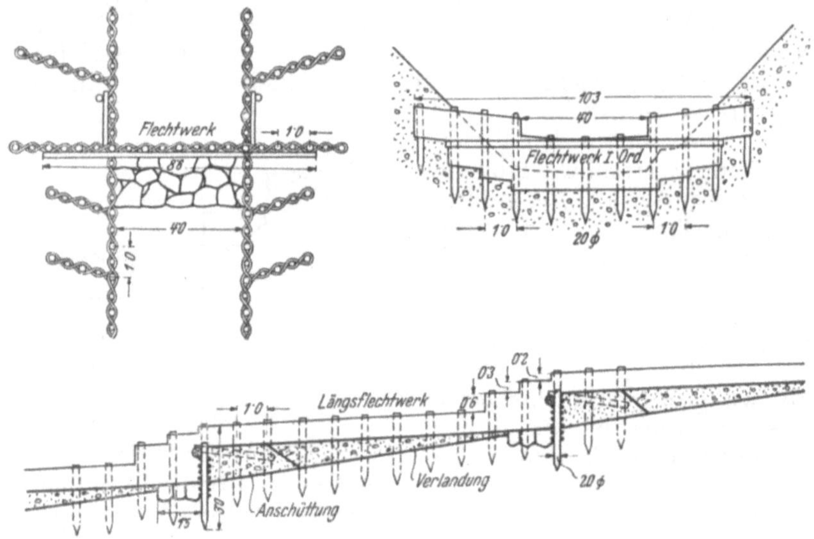

Abb. 79. Staffelförmige Festigung der Gerinnesohle mit Flechtwerkssperren.

5 m Höhe eingegangen. Höhere Bauwerke nähern sich in ihrer Ausführungsweise der Talsperre, die nach besonderen Konstruktionsformen ausgeführt wird.

Als Baumaterialien kommen Holz, Strauchwerk (Faschinen), Stein als Klaub- und Bruchstein und Beton in Betracht.

Die Ausführungsform besteht grundsätzlich aus (Abb. 78) einem Querbau mit vertiefter Überfallkrone, einem damit nicht verbundenen Sturzbett und allenfalls einem anschließenden Längsbau zur Hangsicherung (Abb. 78).

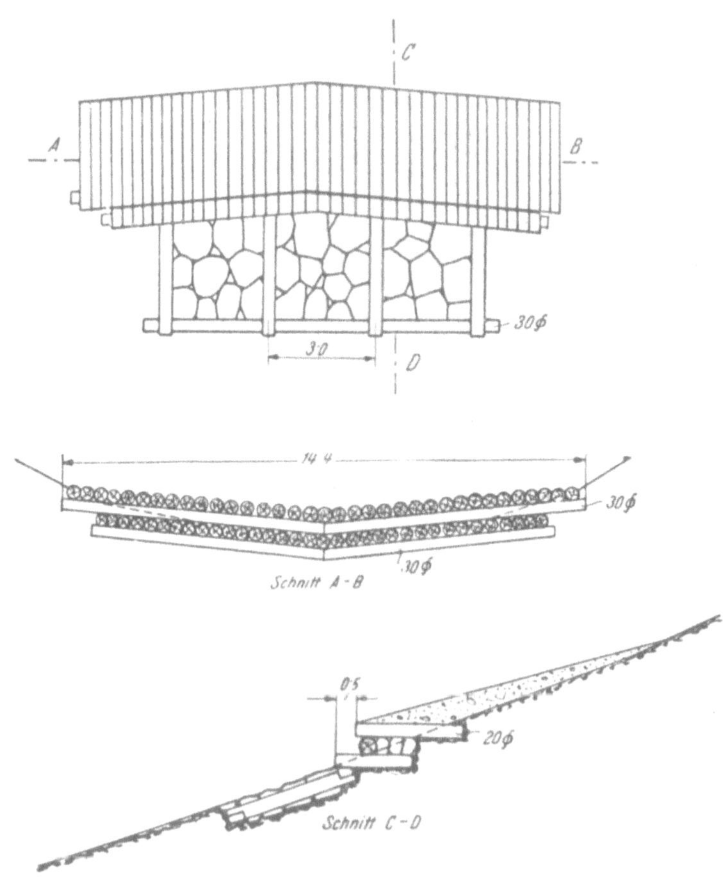

Abb. 80. Staffelförmige Festigung der Gerinnesohle mit Prügelsperren.

An Ausführungstypen von Staffelsperren haben sich bewährt[1]:

1. Flechtwerkssperren, mit einfacher Bauweise und rascher Durchführbarkeit; Ausführung mit triebfähigen Materialien und damit durch Auswachsen vergrößerte Haltbarkeit (Abb. 79).

2. Prügelsperren, mit leichter Wiederinstandsetzung bei verschleißter Krone (Abb. 80).

---

[1] Die Abb. 79—87 sind der „Denkschrift über Wildbachverbauung in Tirol, Innsbruck 1897" entnommen.

3. Rauhbaumsperren, mit erhöhter Standsicherheit infolge der verschütteten Äste und Stämme (Abb. 81).

4. Steinkasten, mit hoher Standsicherheit durch Steinbelastung.

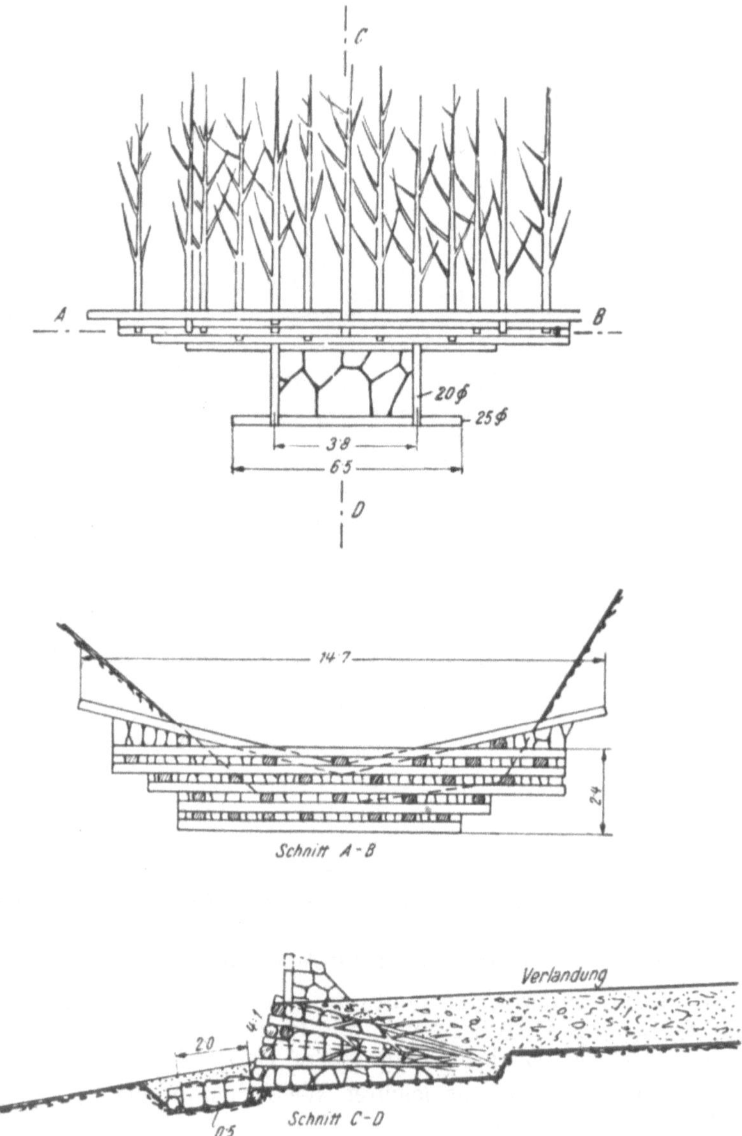

Abb. 81. Staffelförmige Festigung der Gerinnesohle mit Rauhbaumsperren.

5. **Steinkasten mit Sprengwerk**, mit weiterer Erhöhung der Standsicherheit durch Sprengwerkwirkung (Abb. 82).

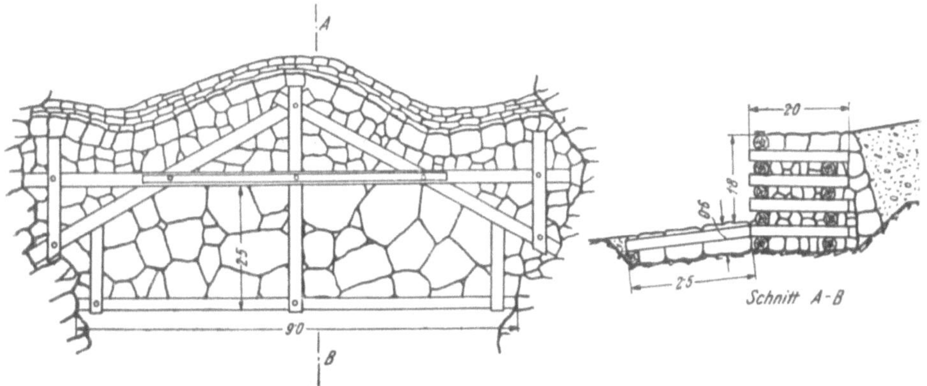

Abb. 82. Staffelförmige Festigung der Gerinnesohle mittels Steinkasten mit Sprengwerk.

6. **Steinsperren**, als widerstandsfähigstes und dauerhaftestes Bauwerk, bei deren Herstellung auf zweckrichtige Ausführung des Bruchsteinmauerwerkes Bedacht zu nehmen ist (Abb. 83).

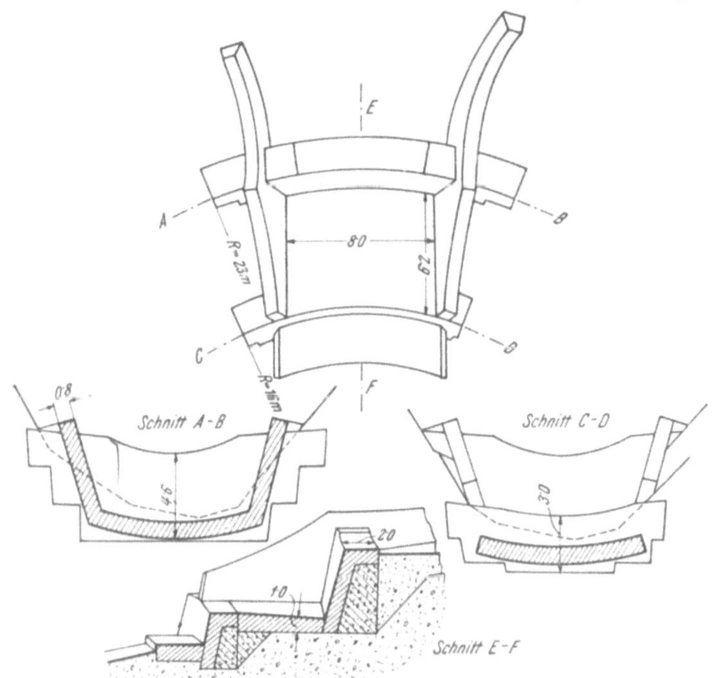

Abb. 83. Staffelförmige Festigung der Gerinnesohle mit Steinsperren.

3. Ufersicherung. Die Ausführungsformen von Ufersicherungen (Uferdeckwerken) bestehen grundsätzlich aus einem festgelagerten Uferschutz a und unabhängig davon aus einer beweglichen Sohlensicherung gegen Kolke b (Vorfuß) (Abb. 84).

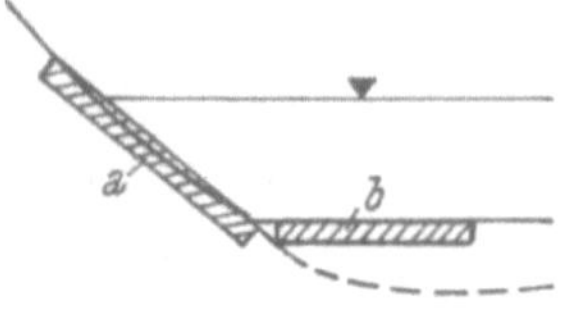

Abb. 84. Grundsätzliche Ausführungsform von Ufersicherungen. *a)* Uferschutz, *b)* beweglicher Vorfuß.

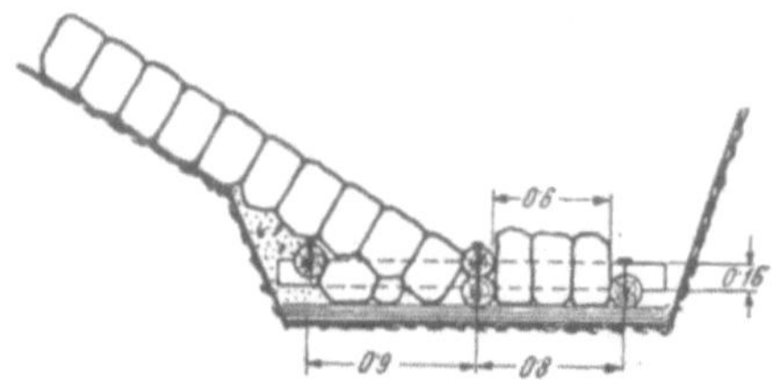

Abb. 85. Ufersicherung mittels Pflasterung.

Als Ausführungstypen von Ufersicherungen sind vor allem in Verwendung:

1. Flechtwerke, in einer Ausführung wie bei Hangfestigungen.

2. Uferpflasterungen, aufgelegt auf elastischem Holzrost, wodurch ein gutes Anschmiegen an die Sohlenform gewährleistet ist (Abb. 85).

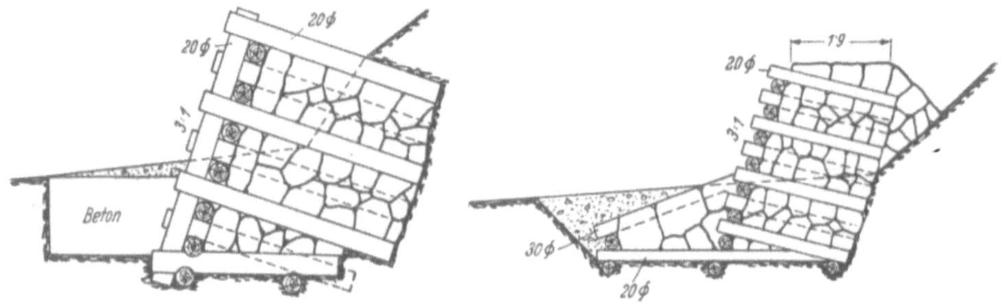

Abb. 86. Ufersicherung mittels einwandigem Steinkasten.

3. Einwandiger Steinkasten, dessen großes Eigengewicht verläßlichen Widerstand gegen den Wasserangriff bietet (Abb. 86).

4. Zweiwandiger Steinkasten, bei dem das Holzgerippe durch die Doppelwand eine Verstärkung erfährt.

5. Pilotierter Steinkasten, wobei die Pfähle noch weiter den Widerstand erhöhen (Abb. 87).

6. Stützmauer, ausgeführt als Trockenmauer, gefugte Bruchsteinmauer oder aus Beton, gewährleistet größte Sicherheit, verlangt jedoch entsprechende Gründung.

Von größter Wichtigkeit ist die Instandhaltung der Gerinne durch sofort einsetzende Ausbesserung zerstörter Bauwerke und Beseitigung jeder Verkrautung und Verwachsung.

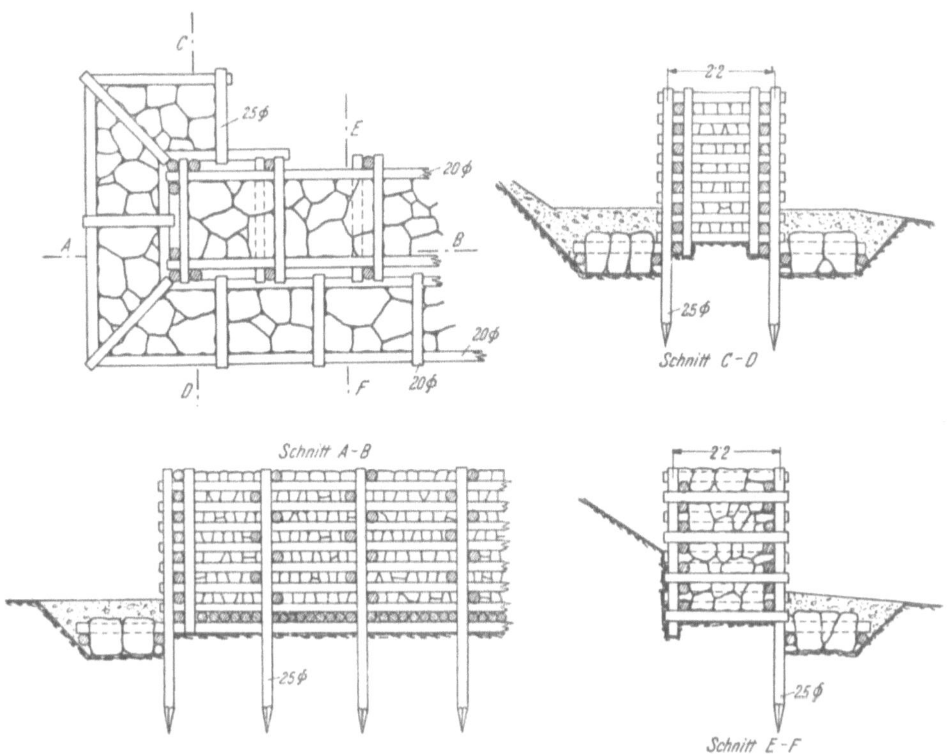

Abb. 87. Ufersicherung mittels pilotierter Steinkasten.

4. Rückhalt der bereits in die Gerinne gelangten Schuttmaterialien. Da Vorbeugen immer besser als Heilen, ist die *Geschiebebindung* im Entstehungsgebiete dem *Rückhalt* im Störungsgebiete vorzuziehen. Eine vollkommene Verhinderung der Geschiebeführung ist jedoch technisch unmöglich und wegen der Eintiefungsgefahr auch unerwünscht.

Die Geschiebebindung im Felsgebirge ist nicht durchführbar, daher muß in diesem Falle der Rückhalt des Geschiebes in künstlich angelegten Becken im Wasserlaufe durch Ausführung von Schottersperren oder in Geschiebeablagerungsplätzen, d. s. künstliche Erweiterungen des Wasserlaufes, erfolgen.

Zur Dimensionierung dieser Ablagerungsräume ist die Kenntnis der jährlichen Geschiebefracht nötig, weil sich daraus die Auffüllungsdauer des Stauraumes (dauernder Rückhalt) ermitteln läßt (Abb. 88).

Wegen des Fehlens der Gesetzmäßigkeit in der Geschiebeführung im Wildbachgebiet ist die Größe der Geschiebefracht nur durch eine rohe Schätzung mit Hilfe von Erfahrungswerten bestimmbar.

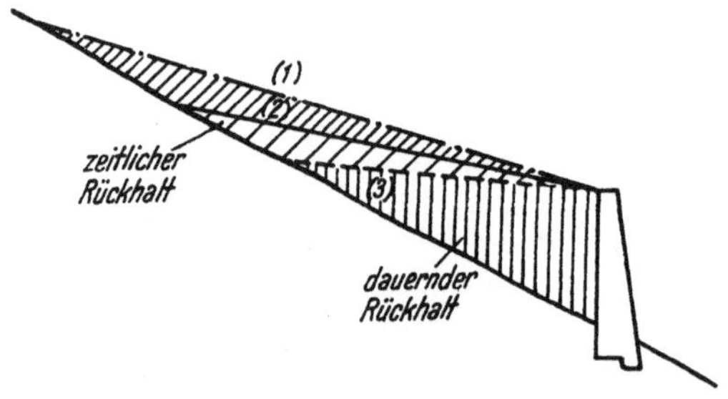

Abb. 88. Verlandungswirkung einer Schottersperre.

Beispielsweise beträgt nach *A. Schoklitsch* die Geschiebefracht ungefähr[1]

$$F_{g,\,365} = \alpha\,(F_{W,\,365}\,F)^{0,2}.$$

Hierin bedeutet:

$F_{g,\,365}$ = jährliche Geschiebefracht in m³,
$F_{W,\,365}$ = jährliche Wasserfracht in m³,
F = Einzugsgebiet in km²,
α = Beiwert für Wildbäche (abhängig vom Stand der Verbauung, morphologischer Beschaffenheit und Bodenbedeckung des Einzugsgebietes) = 1600 — 4500.

Nach erfolgter Auffüllung wirken diese Ablagerungsräume nur noch teilweise ausgleichend in der Geschiebeförderung (zeitweiser Rückhalt) (Abb. 88).

Es muß besonders hervorgehoben werden, daß Ablagerungsräume zu keiner endgültigen Lösung in der Geschiebefrage führen, sie können also die Verbauung des Wildbaches niemals vollkommen ersetzen.

a) **Ausführung von Schottersperren.** Sie unterscheiden sich von Wassersperren bei Stauweiheranlagen dadurch, daß sie ohne verschließbare Grundablässe, immer mit Mauerüberfall, womöglich mit Schußtennen, ausgeführt werden, nicht vollkommen

[1] *Schoklitsch, A.:* Geschiebebewegung in Flüssen und an Stauwerken. Berlin 1926.

dicht sein müssen (Trockenmauer oder Öffnungen) und für ihre Dimensionierung Wasserdruck vermehrt um Erddruck maßgebend ist.

Die Formgebung erfolgt wie bei Talsperren, doch treten Bauerschwernisse wegen des nach erfolgter Auffüllung überstürzenden Geschiebes ein (Abb. 89). Um diese Einwirkungen auf ein Mindestmaß zu beschränken, verwendet man eine widerstandsfähige Abdeckung der Krone, der luftseitigen Böschung und des Tosbeckens mit Holz oder Stein, versieht die Schußtennen mit Holz- oder Steinauskleidung oder leitet das mit Geschiebe gesättigte Wasser mit Hilfe einer niedrigen Vorsperre um die Schottersperre.

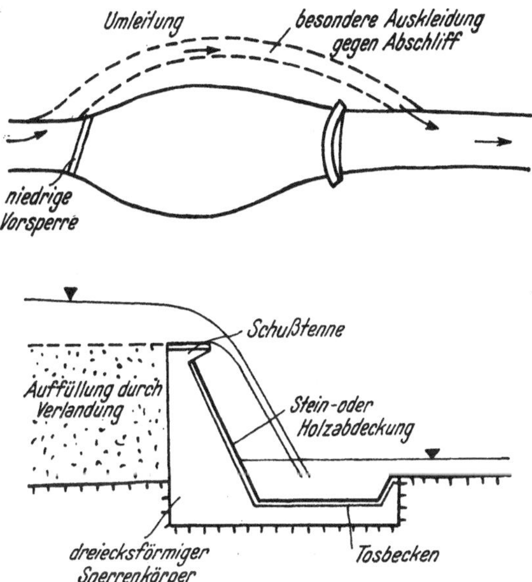

Abb. 89. Allgemeine Anordnung von Schottersperren und Ausbildung des Querschnittes.

Als Beispiel einer Schottersperre größeren Ausmaßes sei die Avisiosperre bei St. Giorgio angeführt, ein hohes Einzelbauwerk mit 3 000 000 m³ Rückhalt, wodurch starke Eintiefungen flußab eingetreten sind. Als Gegenmaßnahme erfolgte nachträglich der Einbau einer Grundschwelle. Der Abschliff in dem Umleitungsstollen ist bis zu 5 m angewachsen.

Ein Beispiel einer Sperrenserie bietet die Verbauung des Schesatobels bei Bludenz. Die Baufolge war talaufwärts gerichtet. Nur die unterste Sperre ist auf Fels gegründet, alle übrigen stehen auf schlechtem Baugrund. Ihre Standfestigkeit wurde erreicht, weil der Geschieberückstau den Fuß der jeweils flußauf gelegenen Sperre genügend deckt.

b) Geschiebeablagerungsplätze (Kiesfänge). Derartige Bauwerke werden gewöhnlich dort angelegt, wo der Wildbach zu Tal tritt. Das angesammelte Schuttmaterial wird womöglich für Straßenbau oder Hochbau verwendet. Der Abfluß wird durch einen Überfall mit Regulierschützen geregelt, wodurch eine Geschwindigkeitsverminderung bewirkt und damit ein reichlicher Geschieberückhalt erzielt werden kann (Abb. 90).

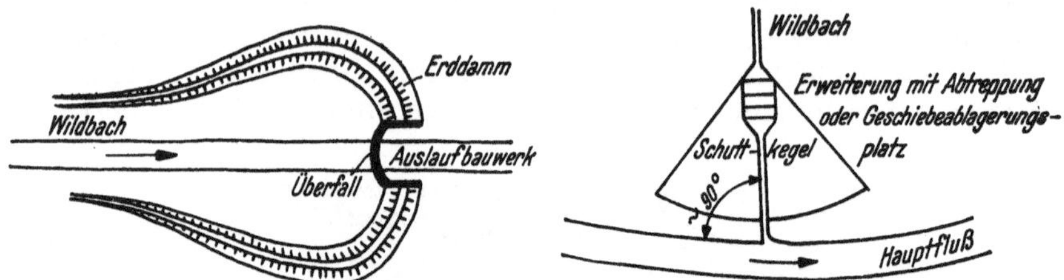

Abb. 90. Geschiebeablagerungsplatz mit regulierbarem Auslauf.

Abb. 91. Sicherung am Schuttkegel.

5. Gerinneherstellung am Schuttkegel. Bei geringer Verbauung im Talinnern hat man mit großer Geschiebefracht zu rechnen. Daher hat eine Verhinderung der Aufhöhung des Schuttkegels zum Schutz der Kulturgründe und eine Verhinderung seines Vorrückens gegen den Hauptfluß durch eine gesicherte Gerinneherstellung, mit Erweiterung im oberen Teile oder besser Anlage eines Geschiebeablagerungsplatzes, zu erfolgen (Abb. 90).

Bei bereits durchgeführter Verbauung im Talinnern ist eine geringere Geschiebefracht zu erwarten, daher eine Eintiefung im Schuttkegelgerinne zu befürchten. In diesem Falle ist ein schalenförmiges, versichertes Gerinne herzustellen, dessen Einmündung in den Hauptfluß am besten rechtwinkelig erfolgt. Weitere Verbesserungen können durch Abstaffelung bewirkt werden.

B. Flußregulierung (-Regelung).

Mit Flußregulierung im engeren Sinne bezeichnet man die baulichen Maßnahmen in Flußläufen mit Ausnahme der Wildbach- und Gezeitenstrecke. Sie bezwecken die Bekämpfung der Flußzersplitterung, die durch die Mäanderverschiebung hervorgerufen wird. Im Anschlußgebiete zum Wildbache, wo in erster Linie flußmorphologische Erwägungen maßgebend sind, ist noch viel Ähnlichkeit mit der Wildbachverbauung vorhanden. Im Unterlaufe dagegen treten für die Regulierungsmaßnahmen vornehmlich hydrographische Gesichtspunkte, namentlich im Zusammenhange mit dem Hochwasserschutz, in den Vordergrund.

Je nach dem besonderen Zweck der Flußregelung spricht man von:

1. *Mittelwasser-Regulierung*, welche die Erreichung eines zeitlichen Gleichgewichtszustandes zwecks Flurverbesserung, wie Ufersicherung, Festlegung der Flußtrasse, Senkung des Grundwasserspiegels und Verhinderung von Eisstößen anstrebt (Regulierung auf Geschiebemengen).

2. *Niederwasser-Regulierung*, welche die Erreichung genügender Fahrwassertiefen durch Beseitigung der wandernden Schotterbänke und damit eine Festlegung der Fahrrinne bezweckt (Regulierung auf Wassertiefen).

3. *Hochwasser-Regulierung*, bei welcher die Ausbildung des Durchflußprofiles den Bedingungen des Hochwasserschutzes zu entsprechen hat (Regulierung auf Wassermengen).

Hiezu ist zu bemerken:

Zu 1.: Der Gleichgewichtszustand wird am raschesten erreicht, wenn die Krone der Regulierungsbauten auf jene Höhe gelegt wird, welche der Wasserführung größter Umbildungsmöglichkeit entspricht d. i. auf bettbildenden Wasserstand, der ungefähr dem Mittelwasserstand gleichkommt.

Zu 2.: Um bei *NW* genügende Wassertiefen über den hochliegenden Furten zu erreichen, ist bei ungenügender Wirkung der Mittelwasserregulierung eine weitere Einschränkung des Niederwasserquerprofils notwendig. Hat der Fluß durch die Mittelwasserregulierung eine Grundrißgestaltung erhalten, die nicht den *Fargue*schen Gesetzen entspricht und daher zu wandernden Schotterbänken oder schlechten Pässen geführt hat, dann ist eine Verbesserung durch eine Nachregulierung in Form einer Niederwasserregulierung möglich.

Zu 3.: Die Krone der Kunstbauten ist über *KHW* zu legen.

Soll mehreren Zwecken genügt werden, dann tritt eine Kombination von allen drei Regulierungsarten ein. Dies führt dann zur Ausbildung eines dreiteiligen Flußquerschnittes (Abb. 92).

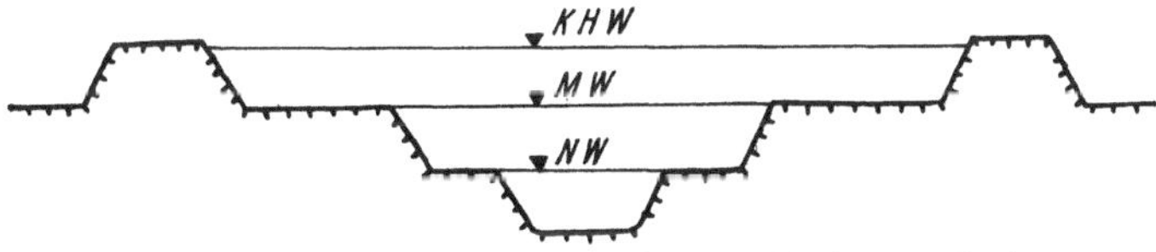

Abb. 92. Dreiteiliger künstlicher Flußquerschnitt.

Die Kunstbauten der Bausysteme sind in ihrer Art und Form sowie in ihren Ausmaßen davon abhängig, ob ein schnellfließender Gebirgsfluß (z. B. Inn, Salzach, Obere Donau u. s. w.) oder ein langsamfließender Flachlandsfluß (z. B. Untere Donau, Weser, Elbe u. s. w.) zu regeln ist. Nur in diesen Belangen besteht ein Unterschied zwischen der Regulierung eines Gebirgs- und eines Flachlandsflusses, dagegen sind die flußmorphologischen Grundsätze in beiden Fällen die gleichen.

Die *Baustoffe*, aus denen die *Baumittel* und schließlich die Kunstbauten der Bausysteme, die *Bauformen*, hergestellt werden, sind gegeben durch die Örtlichkeit und durch die Forderung, ihre Zubringung möglichst durch Querförderung zu bewerkstelligen. Aufgabe des Flußbauingenieurs ist es, widerstandsfähige Formen gegen Angriff des Wassers, Geschiebes und Eises zu schaffen, wobei zur Vereinfachung in der Herstellung und zur Verbilligung weitgehende Typisierung anzuwenden ist.

I. Vorbereitende Arbeiten für Flußregulierungen.

Diese Arbeiten erstrecken sich auf geodätische und hydrologische Aufnahmen sowie auf wirtschaftliche Vorerhebungen.

1. Geodätische Aufnahmen. Sie bestehen in der Herstellung eines Situationsplanes mit eingeschriebenen Höhenkoten markanter Punkte, da wegen geringen Höhenunterschiedes ein Höhenschichtenplan gewöhnlich ungeeignet ist. Für das hiezu notwendige Triangulierungsnetz sind wegen des langgestreckten Aufnahmegebietes zu Kontrollzwecken zwei Basismessungen vorzunehmen.

Bei Berechnung des Netzes genügt für gewöhnlich eine Winkelausgleichung. Polygonisierung und nachfolgende tachymetrische Aufnahme beenden die geodätischen Aufnahmen.

Während der Tachymeteraufnahme sind dauernd Pegelbeobachtungen im Bereiche der Regulierungsstrecke durchzuführen, weil später eine Reduktion des Aufnahmewasserstandes auf einen einheitlichen, charakteristischen Wasserstand, nach welchem die Eintragung der Wasseranschlagslinien in den Situationsplan zu erfolgen hat, vorzunehmen ist.

Der Aufnahme von charakteristischen örtlichen Gegebenheiten, wie beispielsweise Wasseranschlagslinien, Hochuferkanten, Siedlungen, Brückenobjekte, Ländeplätze für Schiffe und Flöße, Grenzen von Gemeinden und Bezirken, Wehre mit Fachbaumkoten, Felsbarren im Flusse, Schotterbänke, verlandete Altarme, Kulturgründe, Auen u. s. w., ist besondere Beachtung zu schenken.

Auf Grund des hienach zu zeichnenden Situationsplanes folgt eine generelle Entscheidung über die neue Flußtrasse. Hiebei hält man sich womöglich im Sinne der *Fargue*schen Gesetze an den bestehenden Hauptstromstrich. Oft ist man jedoch gezwungen, hievon abzuweichen wegen zu scharfer Bögen (ungünstig wegen Eisschoppung, Schiffahrt, Kolke), notwendiger Beibehaltung bestimmter Punkte in der alten Trasse (Landungsplätze, Einfänge, Brückenobjekte, alte Regulierungsbauten, Einmündung von Nebenflüssen) und wegen absichtlicher Flußkürzungen (Erzielung von Eintiefungen zur Verbesserung der Vorflut).

Nach dieser generellen Entscheidung über die Trassenführung erfolgt die Durchführung der Flußkilometrierung in der Natur durch Setzen von Steinen oder Pflöcken mit Bolzen an höheren Uferstellen in jedem km bezw. hm.

Dann ist die Längenprofilsaufnahme des Wasserspiegels bei verschiedenen charakteristischen Wasserständen: *NW*, *MW* und *HW*, bezogen auf die zugehörigen Gebietspegel, vorzunehmen. Dabei ist zu beachten, daß die *NW*-Punkte dichter aufzunehmen und *HW*-Marken auf Zuverlässigkeit zu prüfen sind.

Damit kann die Anfertigung eines *überhöhten* Längenprofiles (Abb. 93) vorgenommen werden, wobei einzubeziehen sind:

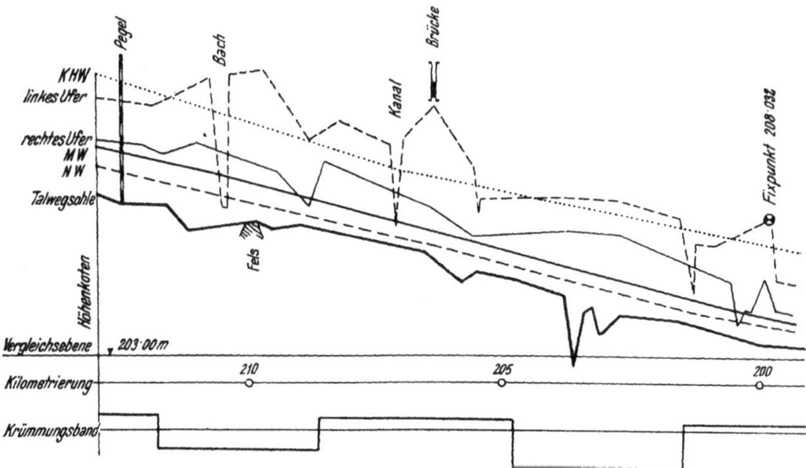

Abb. 93. Überhöhtes Flußlängenprofil mit Einzeichnung von hydrographischen und morphologischen Charakteristiken.

Wasserspiegellinien der charakteristischen Wasserstände, Hochuferhöhen links und rechts, Brückenunterkanten, Festpunkte der Triangulierung, km- und hm-Steine, Pegel mit Nullpunktangabe, Talsohle, entnommen aus aufzunehmenden Querprofilen mit Bezeichnung etwa freiliegender Felssohlen, Höhenlage der Felsbarren und Wehrobjekte mit Angabe der Fachbaumhöhe fester Wehre u. s. w.

2. Hydrologische Aufnahmen. Sie haben sämtliche auf Wasser- und Geschiebeführung bezughabenden Feststellungen zu umfassen, sich also sowohl auf das hydrographische wie flußmorphologische Gebiet zu erstrecken. Die notwendgen hydrographischen Daten sind aus den fortlaufenden Veröffentlichungen der staatlichen Anstalten für Gewässerkunde zu entnehmen[1],

---

[1] In Österreich aus den Jahrbüchern des Hydrographischen Zentralbureaus.

während die morphologischen Werte für gewöhnlich erst durch
Naturaufnahmen zu beschaffen sind, die von den einzelnen Fluß-
bauleitungen durchgeführt werden müssen.

a) Hydrographische Aufnahmen. Sie bestehen in:

1. Wassermengenerhebungen in einzelnen Flußabschnitten,
zumindest in einem Flußprofil zwischen je zwei größeren Zu-
bringern,

2. Ermittlung der charakteristischen Wasserstände maß-
gebender Pegelstellen mit Hilfe der hydrographischen Jahrbücher
und

3. Erhebungen über den Hochwasserwellenverlauf.

b) Flußmorphologische Aufnahmen. Sie haben sich zu erstrecken auf die Aufnahme von:

1. Geschiebemischungsbänder,

2. Geschiebemengenlinien, festgelegt nach Naturaufnahmen.
durch Laboratoriumsversuche, Verwendung empirischer Formeln
oder nach Schätzung,

3. Verlandungstendenz im Überschwemmungsgebiete,

4. Flußgrundaufnahmen mit Hilfe einfacher Peilung oder
unter Verwendung des Sondiertachygraphen,[1]

5. Ermittlung der Maßwerte der *Fargue*schen Gesetze aus Aufnahmen in Musterstrecken der zu regulierenden Flußläufe.

3. Wirtschaftliche Vorerhebungen. Jede technische Arbeit
soll nach privatwirtschaftlichen Grundsätzen eine wirtschaftliche
Basis besitzen d. h. der erzielte Nutzen soll die Kosten, wie die
Verzinsung der für den Bau und die Erhaltung aufgewendeten
Kapitalien, die Amortisation und die Rücklage, überwiegen.

Beim Flußbau begegnet die Aufstellung einer alles umfassen-
den Rentabilitätsberechnung Schwierigkeiten, weil im allgemeinen
der Wert der Regelungsarbeiten, wie er sich durch die Wert-
steigerung geschützter Grundstücke oder durch Aufwertung der
Kraftnutzung und des Schiffahrtsbetriebes, durch die Verbesserung
der landeskulturellen Nutzungen sowie sanitärer Zustände,
Schaffung gesicherter Wohnverhältnisse u. s. w. ausdrückt, nur
schwer eingeschätzt werden kann. Da aber die Sicherung von
Grund und Boden die volkswirtschaftliche Grundlage jedes
Staatswesens bildet, tritt beim Flußbau die Frage der Rentabilität
im rein privatwirtschaftlichen Sinne in den Hintergrund. Im
übrigen ist des öftern nachgewiesen worden, daß die erfaßbaren
Wertsteigerungen schon eine Rentabilität gewährleisten.[2]

Für die Kostenaufstellung sind im besonderen zu erheben:
Örtlichkeit, Güte und Preis der Baustoffe, Kosten für die

---

[1] *Schaffernak, F.:* Hydrographie; Wien 1935, S. 104 u. f.
[2] *Weber, A.:* Flußregulierung oder Grundablösung? Wochenschr.
f. d. öfftl. Bd.; 1905.

allfällige Neuherstellung von Zufuhrwegen, Einlösungs- und Verkaufspreise einzelner Grundstückskategorien, Arbeitspreise und Löhne nach den feststehenden Tarifordnungen u. s. w.

II. Entwurf von Flußregulierungen.

Der Grad der Beeinflussung einer Flußstrecke richtet sich nach dem Ausmaße des Eingriffes in der Regulierungsstrecke, je nachdem der Regulierungszweck nur in einer *Rückbildung* oder vornehmlich in einer *Umbildung* des Flußlaufes besteht.

Bei Regulierung auf Rückbildung erfolgt die Zusammenfassung des gegenwärtig zersplitterten Flußlaufes in eine geschlossene Rinne, wobei die Linienführung so erfolgt, daß sie möglichst dem Hauptstromstrich der alten Linie folgt. Hiedurch wird wenig Geschiebe in Bewegung gesetzt und die Beeinflussung der flußauf und flußab der Regulierungsstrecke gelegenen Flußstrecke ist geringfügig.

Bei Regulierung auf Umbildung wird der beabsichtigte Zweck durch Ausbildung eines zum großen Teile neuen Flußschlauches mit Hilfe von Durchstichen, die unter Umständen mit einer gewollten Eintiefung zur Verbesserung der Vorflut verbunden ist, erreicht. Eine starke Beeinflussung der Oberstrecke durch Eintiefung und der Unterstrecke durch Hebung ist die Folge. Die Gegenmaßnahme besteht in der natürlichen Lenkung der zusätzlichen Geschiebefracht in seitliche Verlandungsräume (Altarme) oder in einer Baggerung.

1. Linienführung (Trasse). In den Alluvionen der aufgeschütteten Täler kann sich ein Flußlauf *zwangsfrei* ausbilden. Die Gesetzmäßigkeit, nach der diese Ausbildung erfolgt, hat *O. Fargue* in qualitativer Form festgelegt. Aus diesen Gesetzen geht hervor, daß die Quer- und Längenprofilsgestaltung nicht nur von der Linienführung der neuen künstlichen Flußufer, sondern auch von der Linienführung des Talweges abhängt.

Es lag nahe, den künstlich regulierten, also *zwangbehafteten* Flußlauf nach den Regeln des zwangsfreien Flußlaufes zu trassieren, weil damit ein Minimum der Erhaltungskosten und die Sicherung eines stabilen Schiffahrtsweges zu erwarten ist, da wandernde Schotterbänke und damit wandernde Kolke sowie schlechte Pässe nicht zu gewärtigen sind.

Die Regulierung auf Rückbildung ist mit größerer Sicherheit in der Voraussage der Regulierungswirkung verbunden als jene auf Umbildung. Bei Regulierung auf Umbildung können aber allfällig auftretende Mißstände, wie ungenügende Fahrwassertiefen (z. B. Weichsel, Donaudurchstich) oder wandernde Schotterbänke (z. B. untere Elbe) durch eine Niederwasserregulierung (Nachregulierung) beseitigt werden. Treten Eintiefungen von außergewöhnlichen Ausmaßen auf, dann können diese nur durch

Einbau von Sohlschwellen (Grundschwellen) bekämpft werden (z. B. Traun, Traisen).

Auf Grund der *Fargue*schen Gesetze ergibt sich folgendes *Schema der Linienführung*:

Jeder systematischen Flußregulierung hat als grundlegende Regelung die Mittelwasser-Regulierung vorauszugehen, wobei unter Umständen zu berücksichtigen ist, daß schon örtlich begrenzte Hochwasserdämme oder auch Mittelwasser-Uferschutzbauten an Kolkstellen vorhanden sind.

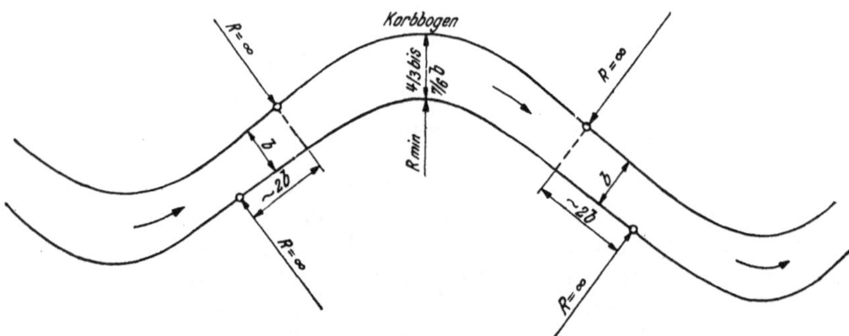

Abb. 94. Linienführung der Ufer des Mittelwasserbettes.

a) **Linienführung des Mittelwasserbettes.** Für die Trassierung der Uferkanten des Mittelwasserbettes ist eine Linienführung einzuhalten, wie sie in Abb. 94 dargestellt ist. Dabei werden die Krümmungen nach Korbbögen geformt oder Kreisbögen mit Übergangsparabeln, ähnlich wie im Eisenbahnbau, ausgeführt.

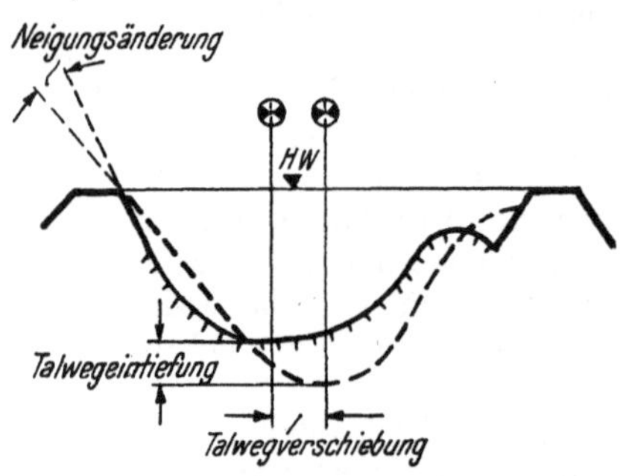

Abb. 95. Beeinflussung des Talweges durch Änderung der Böschungsneigung.

Durch die Linienführung der Uferkanten ist eigentlich auch jene des Talweges festgelegt. Diese läßt sich aber weiterhin beeinflussen durch die Neigung der Böschungen der Regulierungswerke, indem flacher geböschte Ufer den Talweg seitlich verschieben und wegen der erzielten Einengung auch vertiefen (Abb. 95).

Dieser Gedanke folgerichtig verfolgt führt zur Festlegung des Talweges durch Ausbau einer Niederwasserregulierung. Man hat es dabei in der Hand, dem Talwege eine für die Schiffahrt günstige

Grundriß- und Höhenlage zu geben, doch sind dabei aber zu radikale Eingriffe zu vermeiden.[1]

b) Linienführung des Niederwasserbettes. Die Ineinanderfügung von Mittelwasser- und Niederwasserbett hat derart zu erfolgen, daß durch ein Doppelprofil näherungsweise die natürlichen Querschnittsformen erreicht werden. Es muß sonach eine Verschiebung der Achse des Niederwasserbettes gegen das konkave Ufer vorgenommen werden, wodurch dann eine diagonale Kreuzung des Mittelwasserbettes im Furtprofil entsteht (Abb. 96).

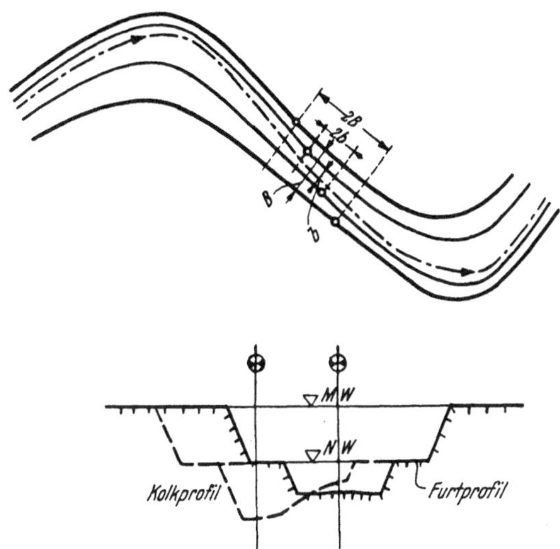

Abb. 96. Ideale Linienführung von Niederwasser- und Mittelwasserbett (zweiteiliges Flußquerprofil).

c) Linienführung der Hochwasserdämme. Sie ergibt bei weiterer Annäherung an die bei zwangsfreier Ausbildung vom Flusse angestrebten Querschnittsformen ein *dreiteiliges* Querprofil, wobei das Niederwasserbett einen mehr geschwungenen, das Hochwasserbett einen gestreckteren Lauf als das Mittelwasserbett erhält. Die Streckung des Hochwasserbettes soll aber nicht soweit gehen, daß der Stromstrich bei Hochwasser das Mittelwasserbett überschneidet, weil sonst die geplante Ausbildung der Flußsohle gestört wird. Anderseits darf aber die Hochwasserbegrenzung nicht zu stark gekrümmt werden, damit nicht Randwalzen den Abfluß im Überschwemmungsgebiet behindern (Abb. 97).[2] Diese

---

[1] *Weber, A.:* Projekt für die Drauregulierung von Pettau bis Ankenstein. Allgem. Bauz. 1910, H. 3. — *Soldan* u. *Muttray:* Der Ausbau der Weser auf Niedrigwasser. Berlin 1909. — *Ehlers, E.:* Regulierung geschiebeführender Flüsse. Berlin 1913.

[2] *Wittmann, H.:* Wasser- und Geschiebebewegung in gekrümmten Flußstrecken. Die Führung von Hochwasserdeichen. Berlin 1938.

ideale Linienführung kann nur auf Grund von Modellversuchen ermittelt werden.[1] Es wird in den wenigsten Fällen möglich sein, diese Bedingungen voll zu erfüllen, weil man aus baulichen und finanziellen Rücksichten sich mit der Linienführung der Hochwasserdämme möglichst der Geländeform (Hochufer) wird anpassen müssen.

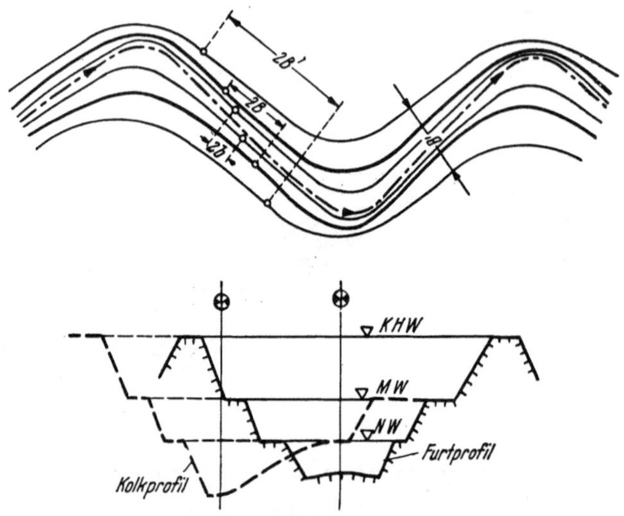

Abb. 97. Ideale Linienführung von Niederwasser-, Mittelwasser- und Hochwasserbett (dreiteiliges Flußquerprofil).

2. Ermittlung der Regelquerprofile (Normalprofile). Die natürlichen Querprofilformen in zwangsfreien Flüssen zeigen einen stetigen Übergang vom seichten symmetrischen Furtprofil zum tiefen unsymmetrischen Kolkprofil. Weil das Ausbildungsgesetz der unsymmetrischen Querprofile noch wenig klar liegt, ist für die Ermittlung der Regelquerprofile folgendes Näherungsverfahren einzuschlagen:

1. Dimensionierung des symmetrischen Furtprofiles nach Breite und Tiefe für die gegebenen Durchflußmengen NQ, MQ und KHQ und Gefälle, wobei bei Rückbildung das Aufnahmegefälle und bei Umbildung das zu erwartende neue Gleichgewichtsgefälle maßgebend ist.

2. Dimensionierung aller übrigen unsymmetrischen Querprofile nur nach Breite unter Rücksichtnahme auf die nach den *Fargue*schen Gesetzen notwendige Verbreiterung, während ihre Sohlengestaltung bezw. Tiefenausbildung der Natur überlassen wird.

---

[1] *Schaffernak. F.:* Eine versuchstechnische Studie über die Regulierung der Donau bei Linz mit Rücksicht auf Hochwasser und Schifffahrt. Deutsche Wasserwirtschaft, 1938, H. 9,

3. Bei der Dimensionierung ist grundsätzlich nachzuweisen, daß sowohl die Wasser-, wie Geschiebeabfuhrfähigkeit des Naturprofiles im Regelprofil erhalten bleibt.

Mithin ist folgender *Rechnungsvorgang* bei *Rückbildung* einzuhalten:

1. Annahme eines Regelprofiles auf Grund von Mittelwertsbildungen aus aufgenommenen Furtprofilen in den Musterstrecken des natürlichen Flußlaufes.

2. Bestimmung der charakteristischen Wasserstände NW, MW, KHW und Durchflußmengen NQ, MQ, KHQ für die zu regelnde Flußstrecke.

3. Bestimmung der mittleren jährlichen Geschiebefracht für die Regelstrecke.

4. Hydraulische Berechnung des Regelprofiles.

5. Morphologische Berechnnng des Regelprofiles.

6. Mehrmalige Wiederholung von 4. und 5. bis die Gleichheit von Wasser- wie Geschiebeabfuhrfähigkeit im Natur- und Regelprofil erreicht ist.

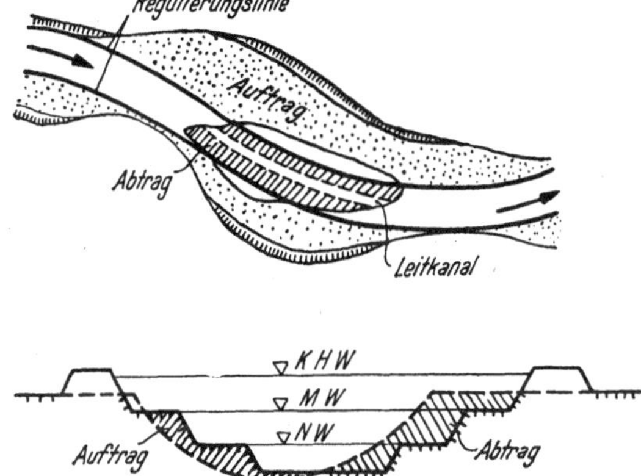

Abb. 98. Schematische Darstellung der morphologischen Wirkung von Flußbauwerken.

Der *Rechnungsvorgang* bei *Umbildung* hat zu umfassen:

1. Annahme eines Regelprofiles unter Bedachtnahme auf die zu erwartende Eintiefung (s. S. 109 u. f.).

2. Weiterer Rechnungsvorgang wie bei Rückbildung.

3. Bausysteme. Die Wahl des Bausystems soll derart erfolgen, daß eine rasche und mit möglichst geringen Kosten verbundene Ausbildung und Sicherung der angestrebten Grundriß- und Querschnittsformen des Flußlaufes erreicht werden.

Es genügt, diese Sicherungen nur in dem Ausmaße vorzunehmen, als durch ein festes Baugerippe im Auftraggebiet an-

nähernd die Form gewahrt bleibt und damit die morphologische
Wirkung (Verlandung) erreicht wird. Auch im Abtraggebiet wird
die Ausbildung womöglich dem Wasser überlassen, wobei mit
Leitkanälen der Vorgang unterstützt wird (Abb. 98). Theoretisch
genügt die Sicherung der konkaven Ufer, in Wirklichkeit wird
meistens auch das konvexe Ufer ausgebaut, um sich auf alle
Fälle bei etwa auftreten-
den Querströmungen vor
Ufereinrissen zu schützen.

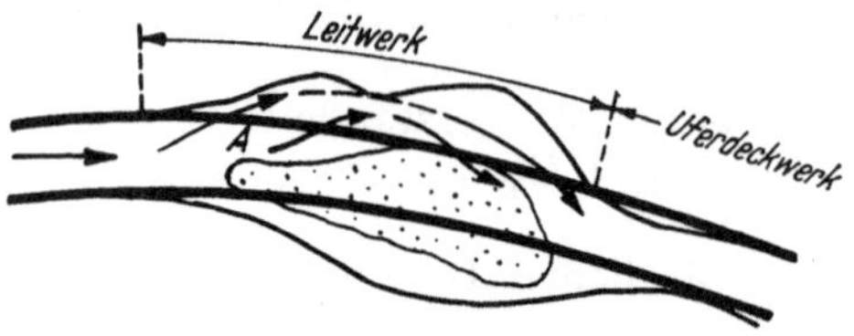

Abb. 99. Geschlossene Bauweise mittels
durchlaufender Leitwerke.

Die *Bausysteme* selbst
unterscheiden sich nach
sogenannter:

a) Geschlossener Bau-
weise (Leitwerke).

b) Offener Bauweise
(Buhnen, Hakenwerke).

c) Verbundbauweise (mit Leitwerken am konkaven Ufer und
Buhnen am konvexen Ufer).

d) Durchlässiger Bauweise (hergestellt aus Rauhbäumen,
Sinkbäumen, Gehängebauten oder Pfahlwerken).

a) Geschlossene Bauweise. Bei dieser Bauweise werden die
Regulierungslinien, d. s. die Kantenlinien der Regulierungsbau-
werke, von einer ununterbrochenen Reihe von Längsbauten, wie
Leitwerken oder Uferdeckwerken, gebildet (Abb. 99).

Mit diesem System ist nur eine verhältnismäßig langsame Verlandung zu erreichen, weil diese erst durch Rampenbildung des
zugeführten Geschiebes bei A eingeleitet werden kann. Eine
Verbesserung der Verlandung wird durch Verlandungsöffnungen
erzielt, die man bei B anordnet (Abb. 100). Die Regelung der Ver-

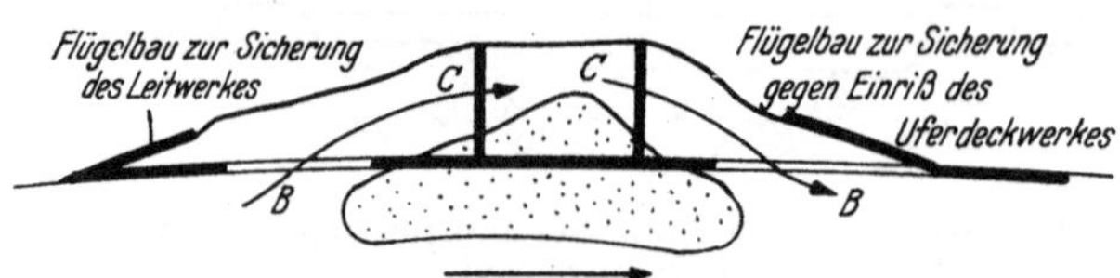

Abb. 100. Regelung der Verlandung durch Verlandungsöffnungen (B)
und Querbauten (C).

landung erfolgt durch Querbauten C (Traversen) und durch verschiedene Weiten der Verlandungsöffnungen und Höhenlagen der
Traversen.

Als *Vorteile* dieses Bausystems sind hervorzuheben: Leitwerke
sichern eine stetige Führung der Wasserfäden und bieten daher
Schutz gegen kolkbildende Querströmungen. Sie führen raschen
Regulierungserfolg in der Ausbildung des Flußschlauches herbei,
weil das Wasser in geschlossenem Gerinne abgeführt wird.

Dagegen zeigen sich *Nachteile* wie: Verhältnismäßig hohe Baukosten, Regulierungsbreite des Regelprofiles muß von Anfang an flußmorphologisch richtig gewählt sein, denn spätere Änderungen

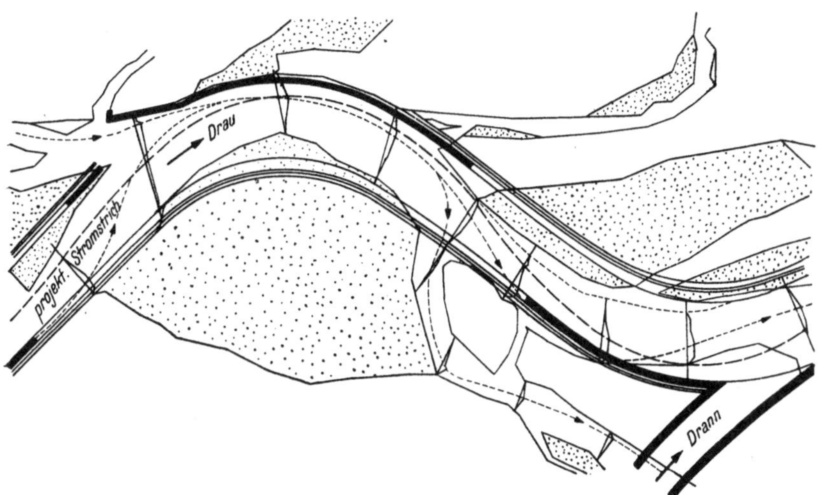

Abb. 101. Regulierung des Drauflusses unterhalb Pettau mittels geschlossener Bauweise.

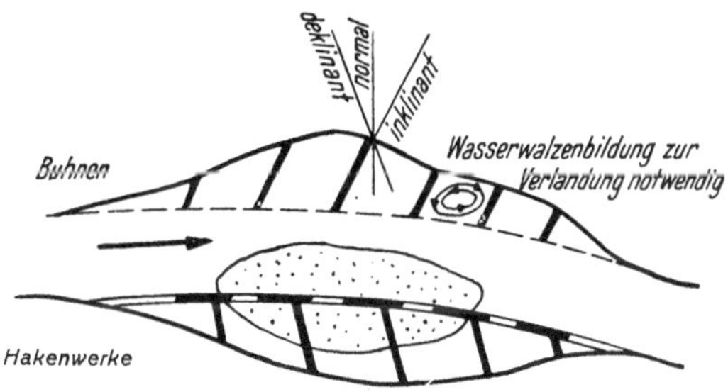

Abb. 102. Offene Bauweise bei Verwendung von Buhnen und Hakenwerken.

sind aus finanziellen und örtlichen Rücksichten gewöhnlich unmöglich.[1]

Ein Beispiel einer Flußregulierung in geschlossener Bauweise bietet der Ausbau des Drauflusses unterhalb Pettau, bei dem die Linienführung strenge nach den *Fargue*schen Regeln ausgeführt worden ist (Abb. 101).[2]

---

[1] Beispielsweise wurde die Saalach im Jahre 1880 zu eng, auf 38 m Breite geregelt. Als Folgewirkung war eine Eintiefung bis zu 3,30 m eingetreten. Mit einer kostspieligen Erweiterung im Jahre 1900 auf 45 m konnte erst eine unveränderte Sohlenlage erzielt werden.

[2] *Weber, A.:* Drauregulierung von Pettau bis Ankenstein. Allg. Bztg. 1910, H. 3.

b) **Offene Bauweise.** Die Regulierungslinien werden bei dieser Bauweise durch die Köpfe von quergelagerten Buhnen oder durch die Leitwerksstutzen der Hakenwerke gebildet (Abb. 102).

Die Regelung der Verlandung erfolgt durch entsprechende Wahl der Buhnenentfernung bezw. der Weite der Verlandungsöffnungen der Hakenwerke. Beide Maße sind auf Grund von Erfahrungswerten so anzunehmen, daß unbedingt das gesamte Buhnenfeld von einer Wasserwalze erfüllt wird.

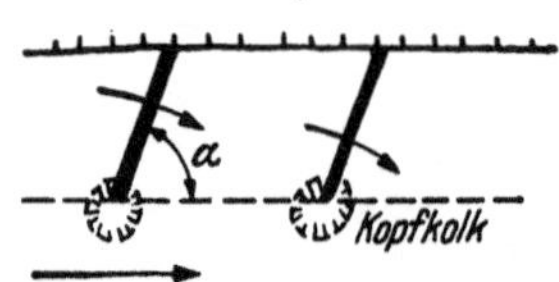

Abb. 103. Inklinante Buhnen.
$a = 70^0 - 90^0.$

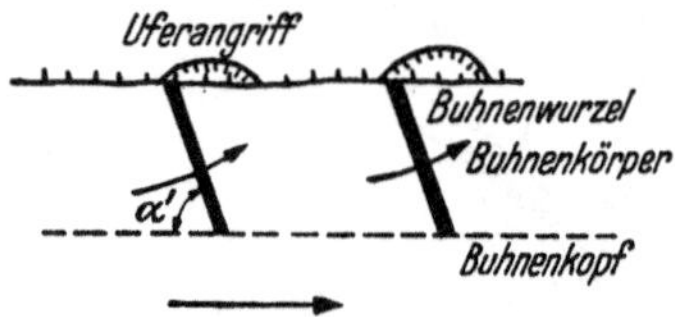

Abb. 104. Deklinante Buhnen.
$a' = 70^0 - 90^0.$

Die Anordnung der Buhnen selbst kann inklinant ($a_{min} = 70^0$), deklinant ($a'_{min} = 70^0$) oder normal erfolgen (Abb. 103 und 104). Vorteilhaft sind *inklinante* Buhnen, weil das Wasser bei ihrer Überströmung gegen die Flußachse geführt wird. Hiedurch werden die Uferangriffe und die gefährlichen Überströmungen an der Buhnenwurzel, wie sie bei deklinanten Buhnen vorkommen, vermindert und wird eine Vertiefung der Flußrinne zum Vorteil für die Schiffahrt erreicht. Auch erzeugen inklinante Buhnen erfahrungsgemäß bessere und raschere Verlandung der abgeschalteten Verlandungsräume (Altarme und Ufereinrisse).

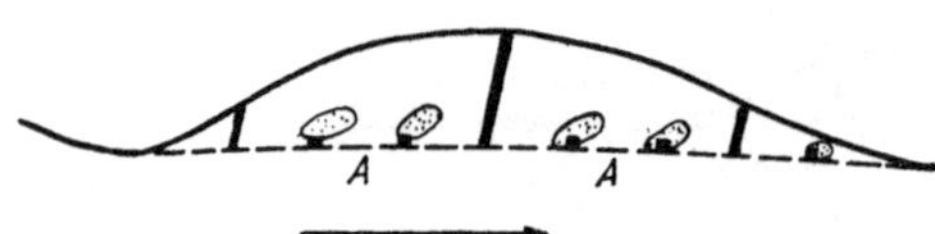

Abb. 105. Verbilligende Bauweise durch Ausführung von Buhnenköpfen *A*.

Als *Vorteile* der Regulierung mit Buhnen sind anzuführen: Bei Einbau von flach ansteigenden Buhnen kann mit verhältnismäßig geringen Kosten fast die gesamte Schalenform des Flußquerschnittes fixiert werden. Flußmorphologisch richtige Regulierungsbreite kann durch allmähliches Vortreiben der Buhnenköpfe erreicht werden. Raschere Verlandung und geringere Instandhaltungskosten als bei Leitwerken und weitere Verbilligung durch stellenweise Ausführung von Buhnenköpfen allein (Abb. 105).

Hingegen erweisen sich als *Nachteile*: unsichere Führung der Wasserfäden bei stärkeren Krümmen und größeren Fließgeschwindigkeiten, Gefahr der Zerstörung bereits eingetretener Verlandungen durch Wassereinströmung in die Buhnenfelder. Querströmungen gefährden Buhnenköpfe infolge der dort auftretenden Kolke (Kopfkolk). Als Gegenmaßnahmen kommen flachere Buhnenköpfe oder besser die Ausbildung zu Hakenwerken in Betracht, wobei wegen der günstigeren Verlandungswirkung der längere Teil des dem Buhnenkörper vorgelagerten Leitwerkstutzens flußauf zu richten ist.

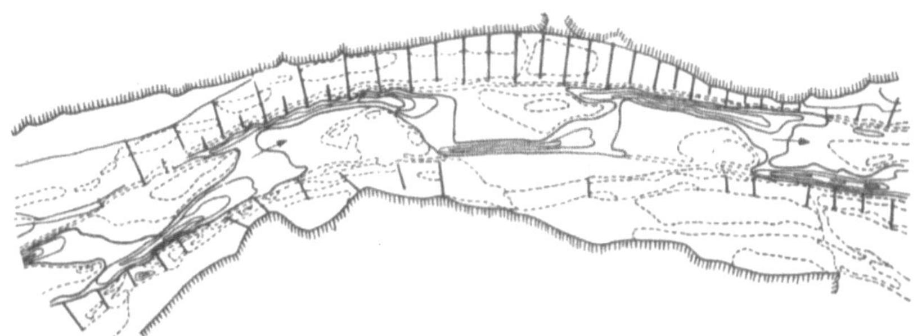

Abb. 106. Regulierung der Weichsel unterhalb Thorn mittels offener Bauweise.

Buhnenbauten sind die ältesten Flußbauwerke an schiffbaren Flüssen.[1] Ein Beispiel einer in offener Bauweise durchgeführten Flußregelung gibt Abb. 106, aus welcher an den eingezeichneten Tiefen-Schichtenlinien die umformende Wirkung auf die Flußsohle und die ungünstige Ausbildung eines wandernden Talwegmäanders mit schlechten Pässen zu ersehen ist.

c) Verbundbauweise. Zur zweckmäßigen Ausnützung der besonderen Vorteile der geschlossenen und offenen Bausysteme ordnet

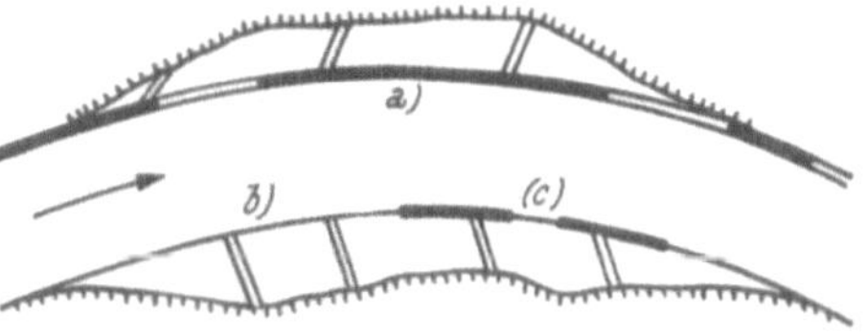

Abb. 107. Verbundbauweise.
a) Leitwerke, b) Buhnen, c) Hakenwerke.

man bei stärkeren Krümmungen in den Flußkonkaven zur sicheren Führung der Wasserfäden Leitwerke und in den Konvexen zur Erreichung einer raschen Umgestaltung des Querprofiles flach ansteigende Buhnen oder Hakenwerke an (Abb. 107).

---

[1] An älteren Veröffentlichungen über Buhnenbauten, deren Studium die ungewöhnliche Beobachtungsgabe der Autoren bewundern läßt, sind jene von *J. Schemerl, J. e. Silberschlag, G. Hagen, Wibeking* und *Kröncke* zu nennen.

Weiters werden Buhnenbauten eingehend behandelt von:

Kreuter, F.: Handbuch der Ingwissenschaften, III Teil, 6. Bd., Leipzig 1921. — *Engels, H.:* Handbuch des Wasserbaues, Leipzig 1923. — *Ehlers:* Regulierung geschiebeführender Flüsse. Berlin 1913. — *Soldan* und *Muttray:* Der Ausbau der Weser auf Niedrigwasser. Berlin 1919. — *Neger, A.:* Die Entwicklung des Buhnenbaues in den deutschen Stromgebieten. Berlin 1932. — *Winkel, R.:* Die Grundlagen der Flußregelung. Berlin 1934.

d) **Durchlässige Bauweise.** Bei der Einstellung durchlässiger Bauwerke ist die Regulierungslinie durchlaufend durchströmt und gestattet daher auf große Strecken regulierbaren Geschiebeeintritt zu den Verlandungsräumen (Ufereinrisse oder Altarme) (Abb. 108). Durchlässige Bauten finden vornehmlich als einleitende Regulierungsmaßnahmen Verwendung, indem sie durch Beruhigung der Strömung zur Auflandung tiefer Kolke dienen, worauf dann der definitive Ausbau nach Bauweise a, b oder c

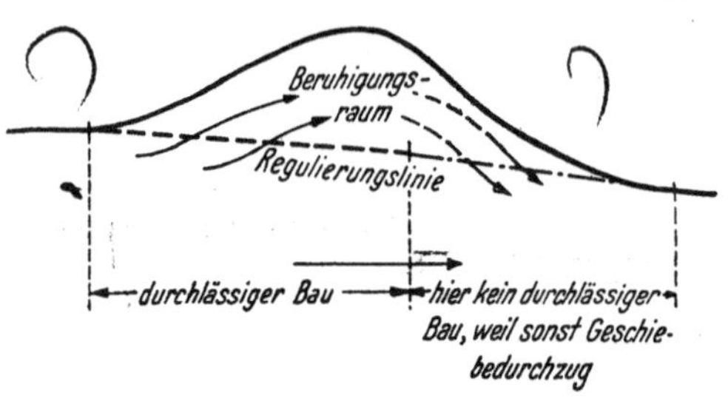

Abb. 108. Anordnung durchlässiger Bauten.

durchgeführt wird. Die Ausführung durchlässiger Bauten erfolgt mit Hilfe von Sinkbäumen, Gehängebauten, Pfahlwerken oder sonstigen besonderen Bauformen.

III. Einzelheiten über Baustoffe, Baumittel und Bauformen.

Aus Ersparungsrücksichten werden die Baustoffe aus nächster Umgebung der Baustelle, möglichst durch Querförderung zugebracht, wobei unter Umständen Flußgeschiebe, Faschinen und Kunststeine den haltbareren, schöner wirkenden, aber teureren Bruchsteinen vorgezogen werden. Dies führt zwecks Erreichung stabiler und dauerhafter Bauwerke oft zu eigenartigen Kombinationen der Baustoffe, sogenannte *Baumittel.* Diese bilden dann die eigentlichen Aufbauelemente der *Bauformen,* wie Leitwerke, Uferdeckwerke, Buhnen u. s. w., aus denen die *Bausysteme* erstehen.

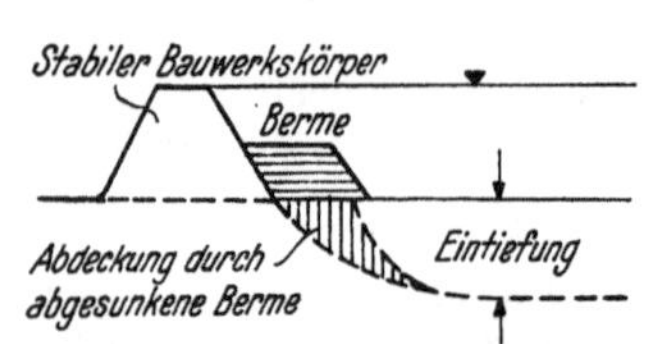

Abb. 109. Grundsätzliche Ausführungsform von Flußbauwerken.

Beim Aufbau der Flußbauwerke selbst ist grundsätzlich zu beachten, daß

1. keine Tieffundierungen wegen zu großer Kosten infolge der außergewöhnlichen Baulängen ausgeführt werden,

2. der Ersatz der Tieffundierung durch einen dem stabilen Baukörper vorgelagerten, beweglichen, nachgiebigen Vorfuß (Berme) bewirkt wird (Abb. 109),

3. der Widerstand gegen Zerstörung des stabilen Bauwerkskörpers vor allem durch dessen Eigengewicht und seltener durch die Festigkeit der Baustoffe erreicht wird und

4. möglichst elastische Baumittel zur Verwendung kommen.

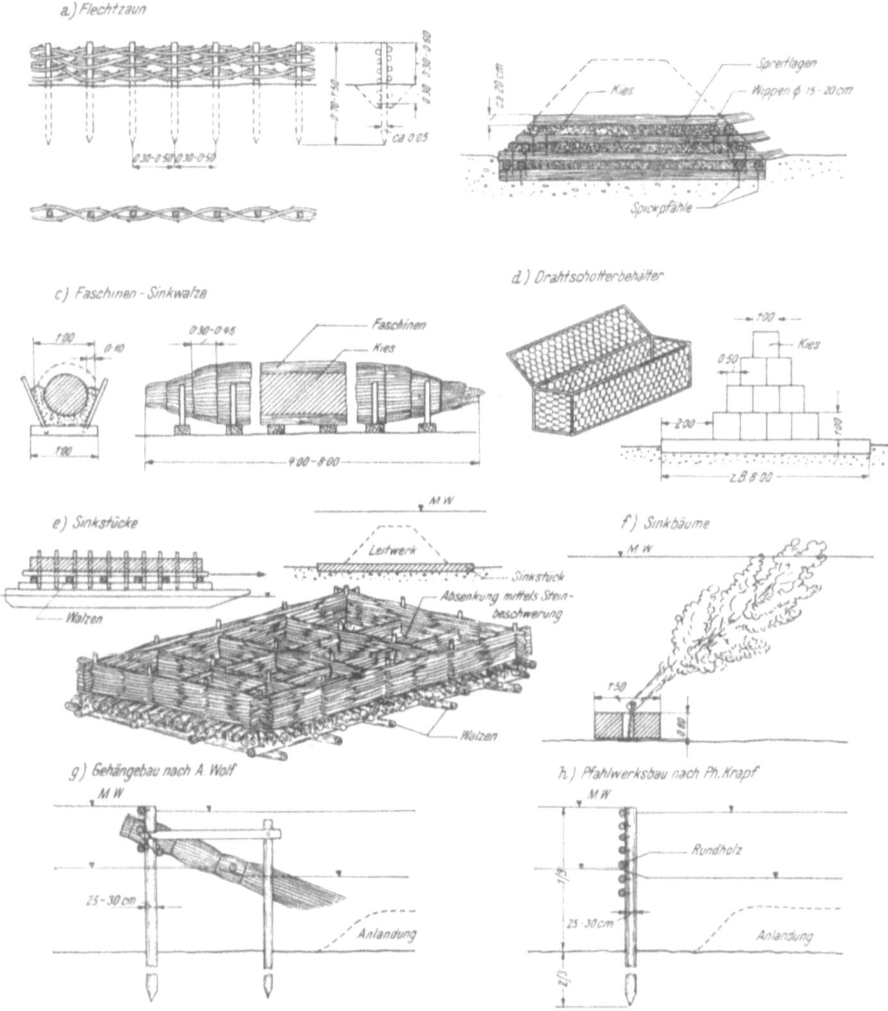

Abb. 110 *a—h*. Verschiedene Ausbildungsformen von Baumitteln.

1. Baustoffe. Es werden verwendet:

1. Holz (Rundholz, seltener Kantholz),
2. Faschinen d. i. gebündeltes Buschholz von Weiden, Nadel-

hölzern u. s. w., und zwar im triebfähigen Zustande auch über *NW*, im nicht triebfähigen Zustande nur unter *NW*,

3. Bruchsteine, Klaubsteine (Kies) und Kunststeine,

4. Schotter, gewonnen von Schotterbänken oder aus nahegelegenen Schottergruben und

5. besondere Baustoffe, wie beispielsweise Drahtgeflecht.

2. Baumittel. Zur Vergrößerung des Widerstandes gegen die Wirkung der Schleppkraft werden Flechtzäune, Packwerk, Sinkwalzen, Drahtschotterkörper und Steinkasten verwendet.

Für die Herstellung einer tragfähigen Unterlage kommen Sinkstücke zur Verwendung.

Besondere Bauausführung weisen Sinkbäume, Gehängebauten und Pfahlwerke auf.

a) Flechtzaun. Die Ausführung erfolgt ähnlich wie sie bei der Wildbachverbauung beschrieben worden ist (Abb. 110 a). Man verwendet womöglich geschmeidiges Reisholz (Weiden). Die Herstellung soll im Herbste, zur Zeit, wo kein Saftanstieg vorhanden, vorgenommen werden, damit ein Austreiben gesichert ist.

b) Packwerk. Es besteht aus horizontalen Spreitlagen von triebfähigen Faschinen mit darauf mit Spickpfählen aufgenagelten Wippen (Würsten), die mit Kieslagen abwechseln (Abb. 110 b). Das Packwerk ist ein Baumittel von großer Elastizität und findet namentlich bei Regulierung von Flachlandsflüssen Verwendung.

c) Sinkwalzen und Drahtschotterkörper. Sie kommen in Verwendung als:

1. *Faschinensinkwalzen* mit Kies- oder Bruchsteinfüllung (Abb. 110 c).

2. *Drahtwalzen*, wobei an Stelle von Faschinen Drahtgeflecht als Umhüllung verwendet wird.

3. *Drahtschotterbehälter* (Abb. 110 d), welche einen rechteckigen Querschnitt erhalten, um beim Aufbau übereinander eine satte Auflagerung zu erreichen.[1]

4. *Betonsinkwalzen*, die, mit einer Umhüllung aus Baumwollstoff versehen, vor Abbinden des eingefüllten Betons besonders guter Mischung abgeworfen werden.

Sinkwalzen sind ob ihrer einfachen Herstellung, großen Gewichtes sowie wegen ihres elastisch anschmiegenden Verhaltens ein beliebtes Baumittel. Sie werden als *Querwalzen* von 4—8 m Länge oder als *Langwalzen* von beliebiger Länge verwendet.

Die Herstellung der Querwalzen erfolgt auf dem bereits ausgelegten Grundbau a (Abb. 111), beginnend vom anschließenden Ufer oder von verankerten Schiffen b, die an mehreren Angriffstellen in der Regulierungslinie verheftet sind. In beiden Fällen erfolgt der Abwurf vor Kopf.

---

[1] *Werner, H.:* Regulierung des Ostravitza-Wildflusses. Wien, 1921.

Langwalzen werden am Ufer hergestellt (Abb. 112), von wo aus die Abrollung erfolgt.

d) **Steinkasten.** Ihre Ausführung ist gleich jener, wie sie bei der Wildbachverbauung beschrieben worden ist.

e) **Sinkstücke.** Sie bestehen aus einem matratzenähnlichen Geflecht von Faschinenlagen, dessen Herstellung besonders geschulte Arbeitskräfte verlangt (Abb. 110 e). Sie dienen als Unterlage für schwere Steinkörper, damit ein Einsacken vermieden wird.

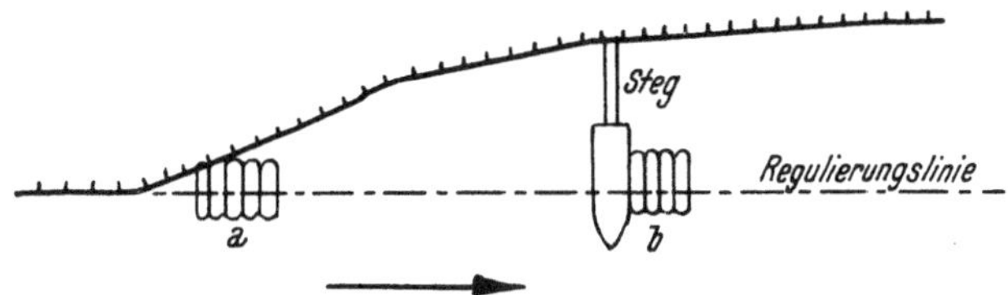

Abb. 111. Einbau von Querwalzen durch Abwurf vor Kopf.

Die Herstellung erfolgt am Land oder auf Schiffen. Die Sinkstücke werden dann verflößt oder verschifft zur Baustelle gebracht und dort mittels Belastung durch Bruchsteine versenkt.

f) **Sinkbäume.** Sie werden in einfachster Form als Rauhbäume für zeitweiligen Uferschutz bei Ufereinbrüchen eingebracht. Für systematische Anwendung empfehlen sich beweglich verankerte Sinkbäume, die vom festen Ufer oder von Transport-

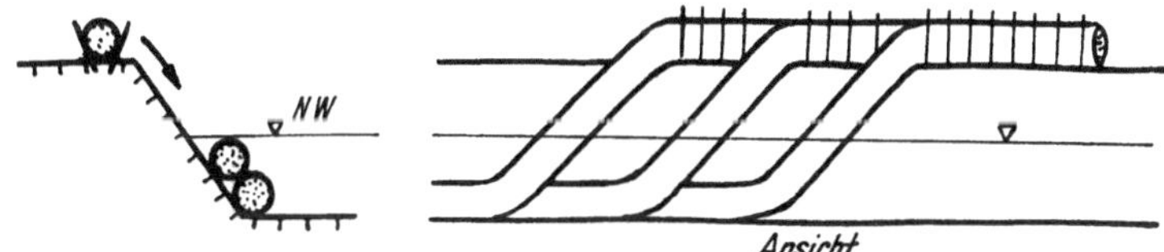

Abb. 112. Einbau von Langwalzen durch Abrollen.

schiffen aus abgeworfen werden. Nadelholzbäume sind hiefür zweckmäßiger als Laubbäume (Abb. 110 f). Bei der Herstellung ist auf eine nicht verklemmbare, gelenkartige Verbindung zwischen Baumstamm und Beschwerungskörper Bedacht zu nehmen.[1]

Als Sonderausführungen werden auch schwimmend eingebrachte und durch Schotter- oder Erdbelastung auf den Flußgrund versenkbare, zeltartige Gebilde aus Reisiggeflecht verwendet.[2]

g) **Gehängebauten nach** *A. Wolf* **und Pfahlwerksbauten** nach *Ph. Krapf.* Bei diesem Baumittel bewirkt der Höhenunter-

---

[1] *Weber, A.:* Über eine Anwendung von Sinkbäumen am Draufluß. Wochenschr. f. d. öfftl. Baudienst, 1905, H. 17.

[2] *Ivanyi, B.:* Furtenverbesserungen an der Theiß. Wochenschr. f. d. öfftl. Baudienst, 1919, H. 35.

schied zwischen dem Wasserspiegel im Flußschlauch und im Verlandungsraume hinter diesen durchlässigen Bauten eine Teilung des im Flusse zuströmenden Wassers, wodurch der Geschiebestrom teilweise in die zu verlandenden Räume geleitet wird (Abb. 108).

Beim Gehängebau werden Tafeln aus Faschinen an pilotierten Pfahlreihen schräg zur Strömungsrichtung eingehängt (Abb. 110 g), während beim Pfahlwerksbau diese Tafeln durch eine durchlässige Wand aus horizontal befestigten Rundhölzern ersetzt wird (Abb. 110 h). Die letztere Ausführungsweise erzielt eine Verminderung der Baukosten und ist auch bei starker Grobgeschiebeführung anwendbar.[3]

Es empfiehlt sich bei beiden Ausführungsformen, bei starker Strömung, großer Wassertiefe, bei feinsandigem Flußbettmaterial und bei Flüssen mit starkem Eisgang eine doppelte Verpfählung vorzunehmen.

3. Bauformen. Die Verwendung typischer Bauformen wird je nach Örtlichkeit unterschieden in Bauten (Abb. 113) am festen Ufer, a (Uferschutzbauten), auf Schotterbänken, b (Steindeponien

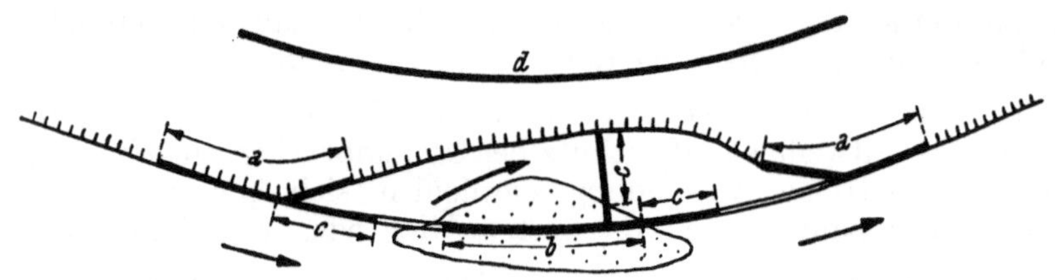

Abb. 113. Schematische Anordnung von typischen Bauformen.

oder niedrige Leitwerke), im freien Wasser, c (Leitwerke, Traversen, Buhnen, Hakenwerke, durchlässige Bauwerke) und auf festem Lande, d (Hochwasserdämme).

Für die einzelnen Bauformen werden Bautypen entworfen, wobei die bewährte ortsübliche Bauweise zu berücksichtigen ist.

Für Uferschutzbauten, Bauten auf Schotterbänken und Bauten im freien Wasser sind in den folgenden Abb. 114—117 für die drei charakteristischen Wasserlaufkategorien, kurz als Bach, Fluß und Strom bezeichnet, Maßbeispiele von bewährten Bautypen dargestellt.

a) Bauten am festen Ufer (Uferschutzbauten). In *Bächen* mit geringer Schleppkraft genügt eine Sicherung des Böschungsfußes mittels einer Langwalze mit Faschinen- oder Drahtgeflechthülle, die noch eine Verheftung durch einen Flechtzaun erfahren kann. Zum Schutze gegen allfällige Kolke sowie Wasserangriffe, namentlich aber gegen die zerstörende Wirkung des Eises erhält

[3] *Krapf, Ph.*: Das Wesen und die Anwendung der *Wolf*schen Pfahlwerke. Wochenschr. f. d. öffentl. Baudienst, 1922, H. 13 u. 14.

die Langwalze eine Deckung durch einen Steinwurf (Abb. 114 *a*). Die Hinterfüllung aus Schotter ist zur Sicherung gegen den Angriff des fließenden Wassers mit einem Belag aus Kopf- oder Flachrasen bis über Hochwasser zu versehen. Die übrige Böschung wird besämt.

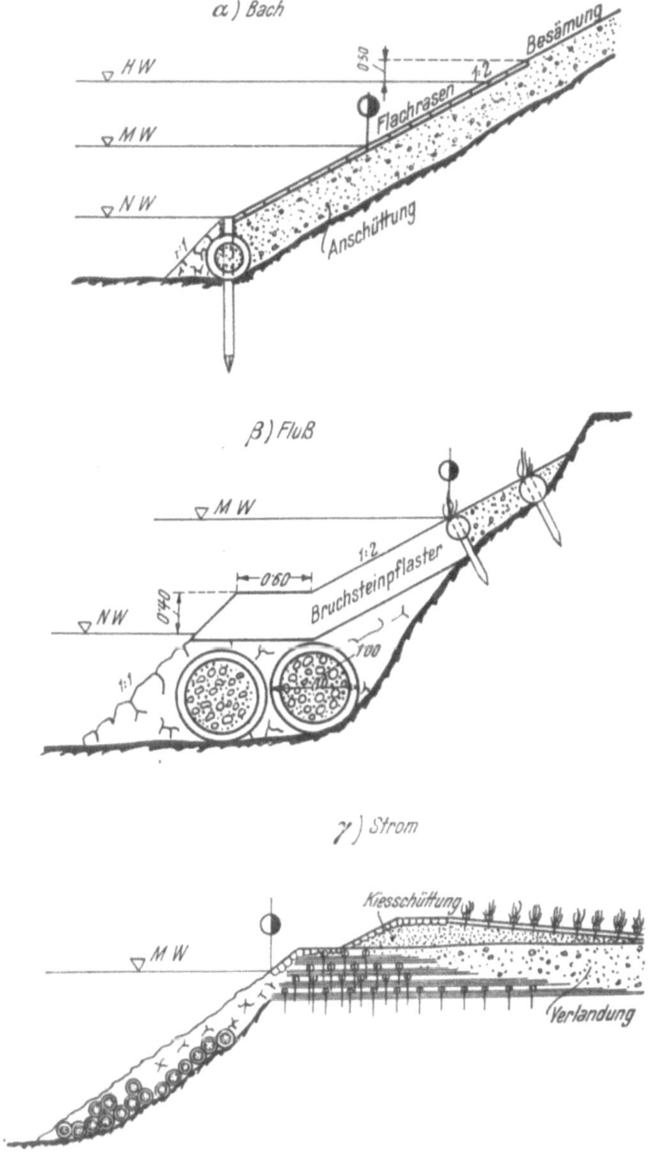

Abb. 114 *a—γ*. Typische Bauformen von Uferschutzbauten.

In *Flüssen* mit größeren Schleppkräften muß der den Grundbau bildende, unter *NW* liegende Bauteil aus mehreren stärkeren Langwalzen hergestellt werden. Die Hinterfüllung erfolgt bis etwa Mittelwasser mit Bruchsteinen, in höheren Lagen mit Schotter. Die Böschung erhält im unteren Bereiche eine gut gefugte Bruchsteinpflasterung, im oberen Abschnitte legt man triebfähige Wippen (Würste) ein, die mit Spickpfählen verheftet werden. Zum Schutze des Böschungsfußes wird entsprechend den Grundsätzen auf S. 96 eine über Niederwasserhöhe reichende, abgepflasterte Berme, bestehend aus einem kräftigen Steinwurf, vorgelegt (Abb. 114 β).

In *Strömen* mit großer Wassertiefe muß wegen des bedeutenden Materialaufwandes aus Ersparungsrücksichten der Verbrauch an Bruchsteinen möglichst herabgesetzt werden. Sinkwalzen und Packwerke sind in diesem Falle die hauptsächlichsten Baumittel.

Der Böschungsfuß wird zweckmäßig aus einer großen Anzahl übereinandergelagerter Langwalzen, die durch einen Steinwurf geschützt werden, aufgebaut. Zur Verminderung des Ausmaßes der Hinterfüllung kann man so vorgehen, daß der Packwerksausbau nur etwas über Niederwasserhöhe erfolgt und dann die selbsttätige Verlandung des Hinterlandes abgewartet wird. Auf diese Verlandung wird hierauf eine Kiesschüttung aufgebracht, die flußseits abgepflastert und binnenseits zum Schutze gegen überströmendes Wasser mit triebfähigen Spreitlagen und verhefteten Wippen abgedeckt wird (Abb. 114 γ).

b) **Bauten auf Schotterbänken.** Diese Bauten bezwecken die Sicherung der Uferlinien während des Ausbildungsvorganges eines Durchstiches. Diese mehr oder weniger unregelmäßigen Deponien müssen daher derartig örtlich verlegt werden, daß die schützenden Steine nach eingetretener Ausbildung des neuen Flußschlauches durch Abrutschen näherungsweise an die richtige Stelle und in die richtige Höhenlage zu liegen kommen.

In einfachster Ausführung wird die Steindeponie unmittelbar auf die Schotterbank, vorgerückt bis zur Niederwasser-Regulierungslinie, aufgelegt (Abb. 115 α). Eine Verbesserung zur Erreichung der angestrebten Uferform wird durch Aushub von Ufergräben und Einschlichten der Bruchstein-Deponien erreicht (Abb. 115 β). Noch besser, aber kostspieliger ist die Ausführung von Steindeponien in Form niedriger Leitwerke, wobei, bei besonders weitgehender Sicherung der künftigen Uferbegrenzung, für den gesamten Leitwerksbau ein tieferer Ufergraben ausgehoben wird (Abb. 115 γ).

c) **Bauten im freien Wasser.** Für die Standsicherheit dieser Bauformen ist die Güte der Ausführung des Bauteiles, der unter *NW* liegt, d. i. der *Grundbau*, von besonderer Wichtigkeit. Je nach der Lage zur Flußrichtung unterscheidet man Leitwerke, Buhnen oder Hakenwerke und durchlässige Bauwerke.

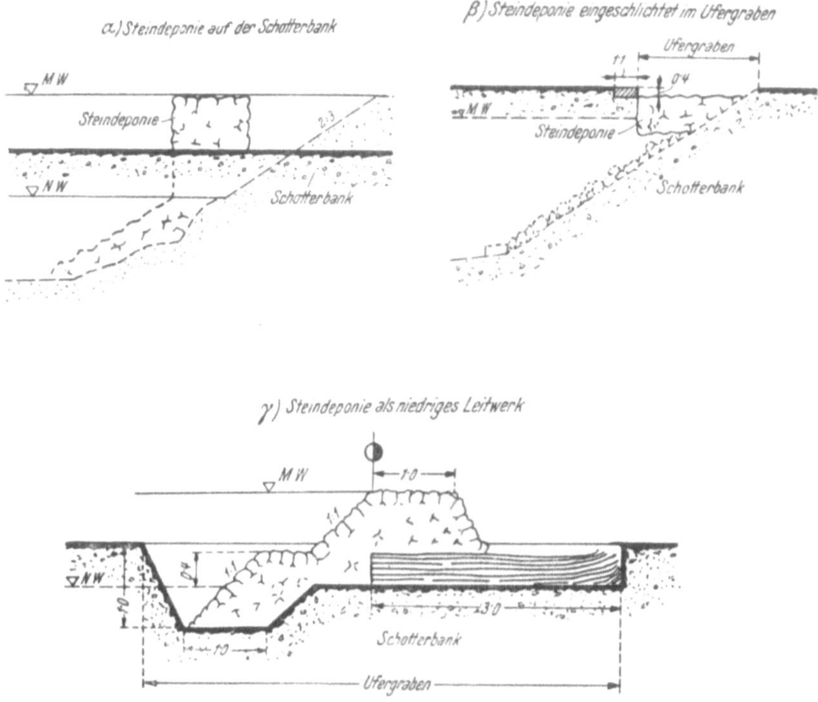

Abb. 115 $a—\gamma$. Typische Formen von Bauten auf Schotterbänken.

Leitwerke. An *Bächen* mit geringerer Wassertiefe wird meistens der gesamte trapezförmige Querschnitt mit Böschung 1 : 1 bis 1 : 2 in Bruchsteinwurf erstellt. Die Vorlage einer Berme in Niederwasserhöhe ist notwendig, wenn Eintiefungen zu erwarten sind. Über Niederwasser werden die Berme, die wasserseitigen Böschungen sowie die Krone abgepflastert (Abb. 116 a).

In *Flüssen* mit größeren Wassertiefen wird der Grundbau aus Querwalzen hergestellt, wobei je nach dem vorhandenen Baumaterial Faschinen- oder Drahtwalzen mit Kies- oder Bruchsteinfüllung in Verwendung kommen. Die begehbare Berme besteht aus Langwalzen mit vorgelagertem Steinwurf (Abb. 116 β).

Der Baukörper über Niederwasser wird entweder zur Gänze aus Bruchsteinen oder aus grobem Schotter (Kies) ausgeführt. Bei der zweiten Ausführungsart müssen Pfahlreihen mit Verflechtung oder Bohlenwänden zur Stützung des Schotterkörpers geschlagen werden. In beiden Fällen ist der Baukörper sowohl flußseits wie binnenseits abzupflastern.

In tiefen *Strömen* besteht der trapezförmige Baukörper sowohl unter wie über Niederwasser aus Kies. Die Böschungsfüße sowie

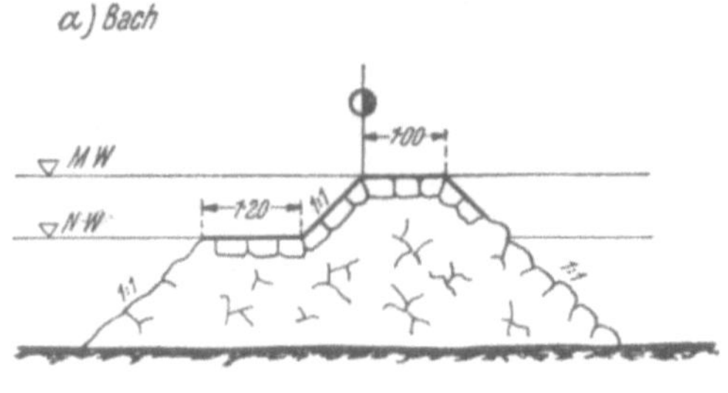

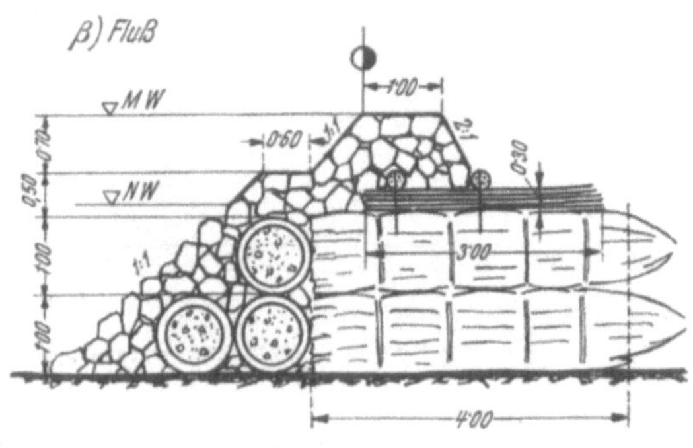

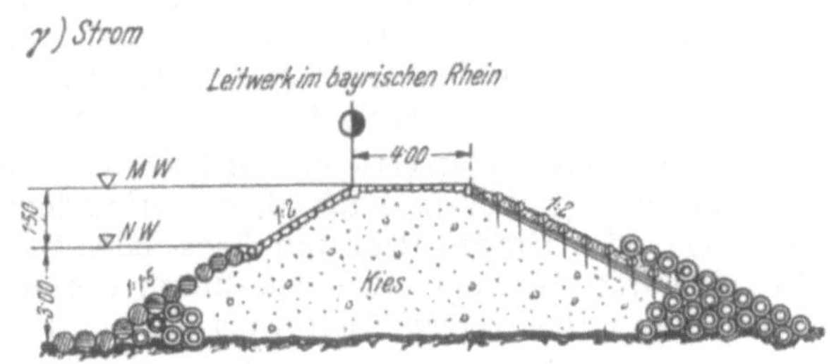

Abb. 116 α—γ. Typische Bauformen von Leitwerken.

die Böschungen unter Niederwasser werden mit Sinkwalzen gesichert.   Über Niederwasser ist die Böschung flußseits und die
Bauwerkskrone gepflastert, die Böschung binnenseits mit triebfähigen Spreitlagen und genagelten Wippen befestigt (Abb. 116 γ).

Buhnen. Man kann sie der schalenförmigen Gleichgewichtsform anpassen und verlegt daher die Buhnenkrone im Längenschnitt ansteigend von der Regulierungslinie des Niederwassers zu jener des Mittelwassers.

In seichten *Bächen* genügt gewöhnlich die Ausführung des Buhnenkörpers als Flechtzaun mit oder ohne vorgelagertem Steinwurf. Besondere Beachtung hat neben der Sicherung des Buhnenkopfes mittels Steinwurf die Einbindung des Flechtzaunes an der Buhnenwurzel zu erfahren. Eine Sturzbettung aus Faschinen als Sicherung gegen die Kolkwirkung des überstürzenden Wassers bei Wasseranstieg ist zu empfehlen (Abb. 117 a).

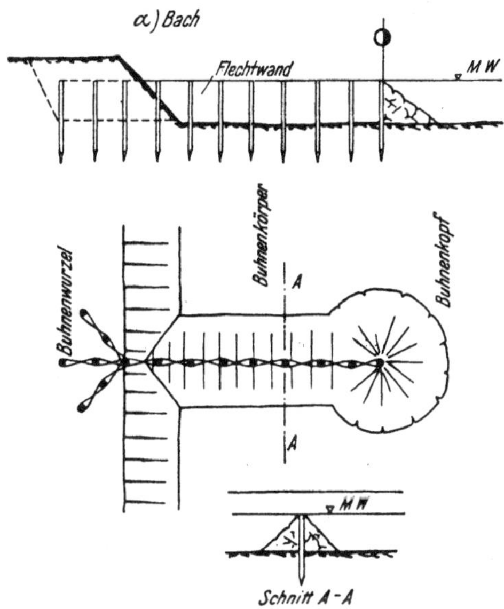

Abb. 117 a. Typische Bauform von Buhnen.

In raschfließenden *Flüssen* muß die Widerstandsfähigkeit des Buhnenkörpers erhöht und vor allem der Kolkgefahr am Buhnenkopf begegnet werden. Man stellt unter Niederwasser einen schweren Grundbau aus quer gelagerten Sinkwalzen mit Faschinen- oder Drahtgeflechthülle oder aus Drahtschotterbehältern her. Den Walzengrundbau verstärkt man, wenn notwendig, mit zwei oder mehreren Pfahlreihen, die verflochten oder mittels Bohlen verbunden werden. Der Buhnenkopf, dessen Böschung umso flacher zu wählen ist, je feinkörniger der Flußgrund, ist aus Sinkwalzen, die untereinander mit starkem Draht verhängt werden, hergestellt. Sollten diese beschädigt oder vom Wasser weggetragen werden, dann können sie durch Nachrollen leicht ersetzt werden. Der Grundbau erhält eine Steinvorlage.

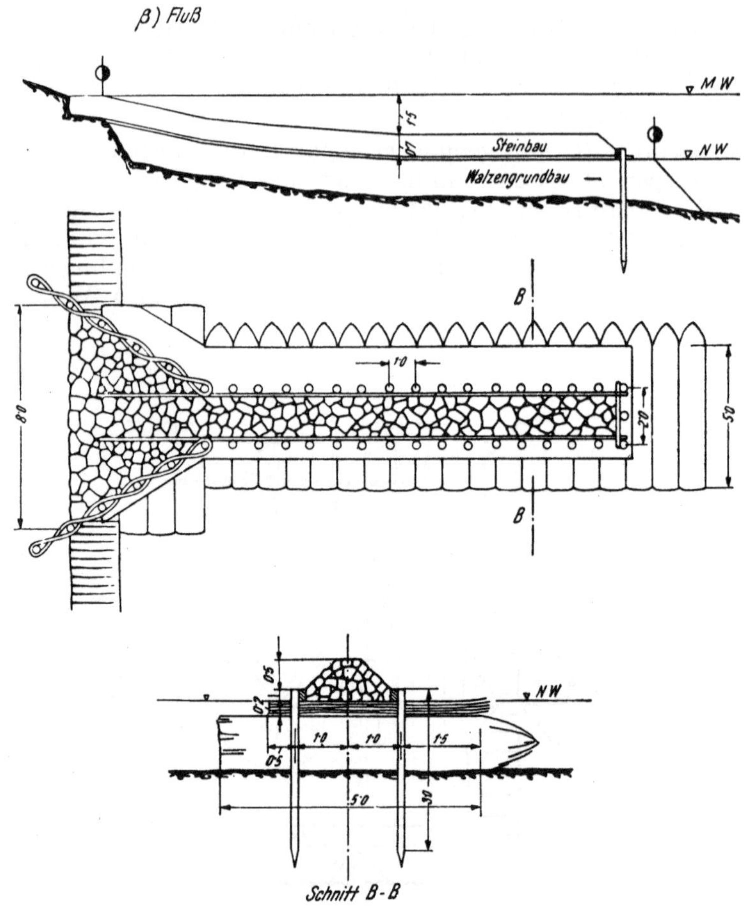

Abb. 117 β. Typische Bauform von Buhnen.

Die Buhnenwurzel ist durch diagonales Einbinden mit tief-reichenden Flechtzäunen genügend gegen Hinterspülung zu sichern. Das Sturzbett erhält durch die vorstehenden Quer-walzen und die Ausfüllung mit Faschinenspreitlagen entsprechenden Widerstand gegen das überstürzende Wasser. Der Baukörper über Niederwasser wird aus Bruchsteinen hergestellt und gut verfugt abgepflastert (Abb. 117 β).

In *Strömen* mit sehr feinem Flußbettmateriale ist vor dem eigentlichen Buhnenbau die Flußsohle mit matratzenartigen Sink-stücken zu belegen, damit ein Einsacken des schweren Buhnen-körpers vermieden wird. Der Buhnenkörper unter und über Nieder-wasser wird in einer viel Geschicklichkeit erfordernden Bauweise aus ineinander verflochtenen Spreitlagen mit Kiesfüllung herge-stellt und mit Bruchsteinen abgepflastert (Abb. 117 γ).

Der Buhnenkopf wird gegenüber dem Buhnenkörper sehr verbreitert. Damit werden ganz flache Böschungen erzielt, die eine Ablenkung der Wasserfäden gegen die Flußsohle verursachen und dadurch die Kolkwirkung möglichst herabsetzen.

Hakenwerke. Diese Bauwerksformen, auch Fangwerke genannt, stellen eine zweckmäßige Verbindung der quergelagerten Buhnenkörper mit kurzen Leitwerken an Stelle des sonst gerundeten Buhnenkopfes dar. Hiebei kommt es auf die Weite der Verlandungsöffnung und Lage des Leitwerkstutzens an, weil diese Maße die Verlandungswirkung wesentlich beeinflussen. Über diese Verhältnisse kann nur die Erfahrung an der Baustelle die Richtlinien geben.[1]

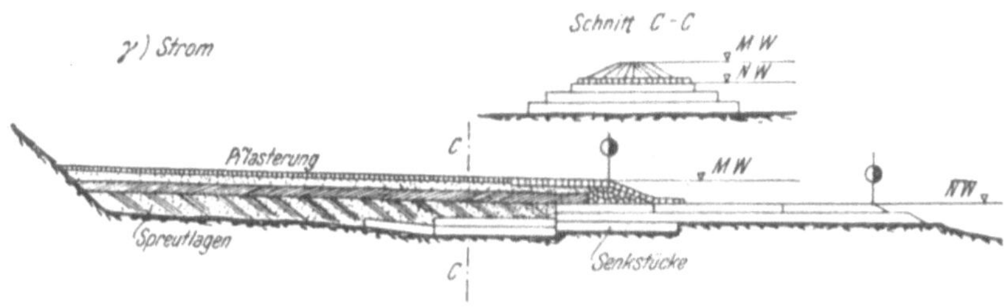

Abb. 117 γ. Typische Bauform von Buhnen.

Durchlässige Bauwerke. Sie haben provisorischen Charakter und erhalten eine Ausgestaltung wie sie bereits auf S. 100 beschrieben worden ist (Abb. 110 g—h).

d) **Bauten auf festem Lande (Hochwasserdämme).** Bei der Ausführung von Hochwasserdämmen darf die ungünstige Wirkung von Eindeichungen nicht unberücksichtigt bleiben. Sie kann sich in verschiedener Hinsicht zum Nachteile der dem Flusse angrenzenden Ländereien auswirken, und zwar:

1. *Hydraulisch* durch Hebung des Wasserspiegels; dadurch Gefahr einer Dammüberflutung — weshalb die Einrichtung eines besonderen Hochwasserdamm-Verteidigungsdienstes sich als nötig erweist — und Vergrößerung der Hochwasserwellen-Schnelligkeit.

2. *Morphologisch* durch Verstärkung der Unregelmäßigkeiten der Flußsohle infolge Vertiefung der Kolke und Erhöhung der Furten und Hebung der Vorländer durch Schwebablagerungen.

3. *Kulturtechnisch* durch Verhinderung der düngenden Bewässerung durch die Schwebestoffe im Binnenlande sowie infolge Verstärkung der Sickerwässer.

---

[1] *Jesowitz, M.:* Flußregulierung mittels Fangwerken. Wochenschr. f. d. öfftl. Bd. 1910, H. 5, 1919, H. 16.

Infolge dieser durchwegs ungünstigen Wirkungen soll die Hochwassergefahr nur dann durch Eindeichung bekämpft werden, wenn alle anderen Mittel, wie Senkung des Hochwasserspiegels durch Querschnittserweiterungen, Eintiefung durch Flußregulierungen oder Wasserabgleichung durch Stauweiher undurchführbar oder unverhältnismäßig kostspieliger sind.

Bei der *Linienführung* der Hochwasserdämme sind folgende Grundsätze einzuhalten:

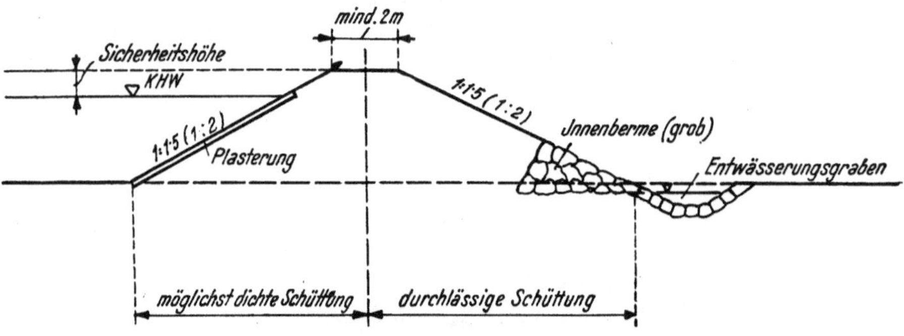

Abb. 118. Querschnittsgestaltung eines Hochwasserdammes nach morphologischen Grundsätzen.

1. Zur Hintanhaltung von Eisstößen ist möglichste Parallelführung bei Vermeidung von scharfen Ecken anzustreben.

2. Wegen Gefährdung durch Kolke ist ein gehöriger Abstand der Hochwasserdämme vom Mittelwasserbau einzuhalten.

3. Wegen der Rückstaugefahr in den anschließenden Nebenflüssen ist die Ausführung von Hochwasserdämmen auch an den Nebenflüssen bis zum Rückstauende unbedingt notwendig.

4. Der Anschluß der Hochwasserdämme des Hauptflusses an jene der Nebenflüsse ist unter einem spitzen Winkel, allenfalls mit Hilfe von Flügeldeichen herzustellen.

Die *Ausführung* der Hochwasserdämme hat zu erfolgen (Abb. 118):

1. Mit Berücksichtigung der bodenphysikalischen Verhältnisse des *Untergrundes.*

In dieser Hinsicht sind Maßnahmen zu treffen gegen das seitliche *Ausweichen* des Bodens aus Schwimmsand, Laufletten u. s. w. durch Belastung des Untergrundes, gegen die *Versumpfung* des Binnenlandes durch binnenseitige Entwässerung.

2. Mit Berücksichtigung der bodenphysikalischen Verhältnisse der *Schüttmaterialien.*

In dieser Hinsicht sind Maßnahmen zu treffen gegen die *Ausspülung* des Dammkörpers durch Verwendung dichten Schüttmateriales wasserseits, gegen die *Rutschung* des Dammkörpers durch entsprechende Auswahl des Schüttmateriales nach den Grundsätzen der Erdbaumechanik, gegen dem *Abtrag* der binnenseitigen Böschung durch Einbau einer binnenseitigen, durchlässigen Innenberme und gegen den *Angriff* der wasserseitigen Böschung durch die Schleppkraft des Flußwassers durch Abdeckung mit Rasen oder Steinpflaster.[1]

IV. Besondere Bauausführungen und Bauarbeiten.

Neben den bisher besprochenen, in der gesamten Regulierungsstrecke ziemlich einheitlich durchlaufenden Bauwerken sind im Verlaufe des Bauvorganges, aber oft auch später, zum Zwecke von Verbesserungen oder zur Beseitigung auftretender Übelstände noch eine Reihe von Bauarbeiten durchzuführen. Hiezu gehören beispielsweise: Durchstiche, Einbau von Sohlschwellen, Verlegung der Einmündungen von Nebenflüssen, Felssprengungen und Baggerungen. Sie sollen, soweit sie mit morphologischen Fragen im Zusammenhange stehen, in den Grundzügen besprochen werden.

1. Durchstiche. Durchstiche führen zu einer künstlichen Streckung von Flußläufen und werden dort in Anwendung gebracht, wo eine Verminderung von zu starken Flußkrümmungen Platz greifen muß, weil diese zu Eisschoppungen (Eisstoß) Veranlassung geben oder dort, wo Eintiefungen und damit eine Wasserspiegelsenkung erstrebt werden, um die Vorflut zu verbessern und den Grundwasserspiegel mit Rücksicht auf die Landeskultur abzusenken.

Im Bereiche von Durchstichen ist bei Anlage der Flußbauwerke auf die zu erwartende Eintiefung Rücksicht zu nehmen. Zur Erhaltung gleicher Sohlenbreite

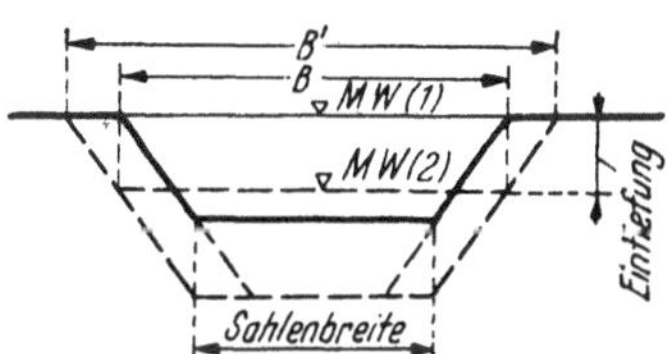

Abb. 119. Berücksichtigung der Eintiefung bei Bemessung des Flußquerschnittes.

muß das Regelprofil in ursprünglicher Anlage (1) etwas breiter als für das Endstadium (2) ausgeführt werden, weil sonst die Einengung die Eintiefung verstärken würde (Abb. 119).

Nach erfolgter Eintiefung auf das Maß, das vorgesehen war, wird die Bauwerkskrone um dieses Maß in einer Weise erniedrigt, wie dies in Abb. 120 dargestellt ist. Nach der Ausführungsform a wird die während der Dauer des Eintiefungsvorganges notwendige Höhenlage des *MW*-Spiegels durch einen dichten Flechtzaun erreicht. Dabei muß, ebenfalls entsprechend der niedergehenden Flußsohle, auf eine Sicherung durch eine Berme des Leitwerkes

---

[1] *Schaffernak, F.:* Über die Standsicherheit durchlässiger, geschütteter Dämme. Allg. Bauzeitung 1917, H. IV.

aus Steinwurf oder Langwalzen Bedacht genommen werden. Nach der Ausführungsform b wird die notwendige Erhöhung der Anfangslage (1) des MW-Spiegels mittels eines rohen Steinwurfes erzielt. Diese Steindeponie wird später zur Sicherung des Leitwerksfußes verwendet.

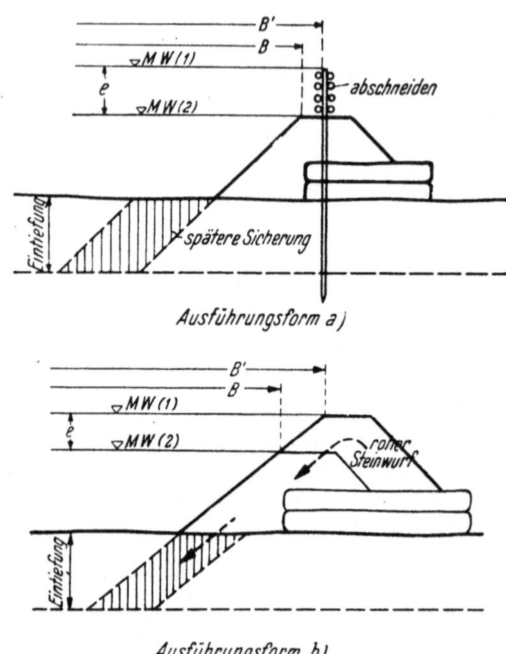

Abb. 120. Bauformen von Leitwerken bei einer zu erwartenden Eintiefung.

Der Arbeitsvorgang bei Anlage des Durchstiches gestaltet sich wie folgt (Abb. 121):

1. Abbau des alten Flußarmes mit Leitwerk, Fangwerk und Deckwerk.

2. Ausführung eines Leitkanales und zwar gleichlaufend mit der Regulierungslinie, jedoch näher dem konvexen Ufer, in einer Breite von 1/6 — 1/4 der Regulierungsbreite. Aushub des Leitkanales flußauf, möglichst tief, von Hand oder besser mittels Bagger, Sohle waagrecht, allenfalls abgestuft. Deponierung des Aushubmateriales hinter dem künftigen Ufer und Versatz des Leitkanales mit Schlägelwehren.

3. Aushub der Ufergräben, Querförderung des Aushubmateriales und Einschlichten der Bruchsteindeponien in die Ufergräben.

4. Eröffnung des Durchstiches durch Entfernung des Versatzbaues zur Zeit einer vermutlich länger andauernden Mittelwasserperiode.

5. Allenfalls Nachbaggerung, wenn sich eine ungenügende Ausbildung des Durchstiches zeigt.

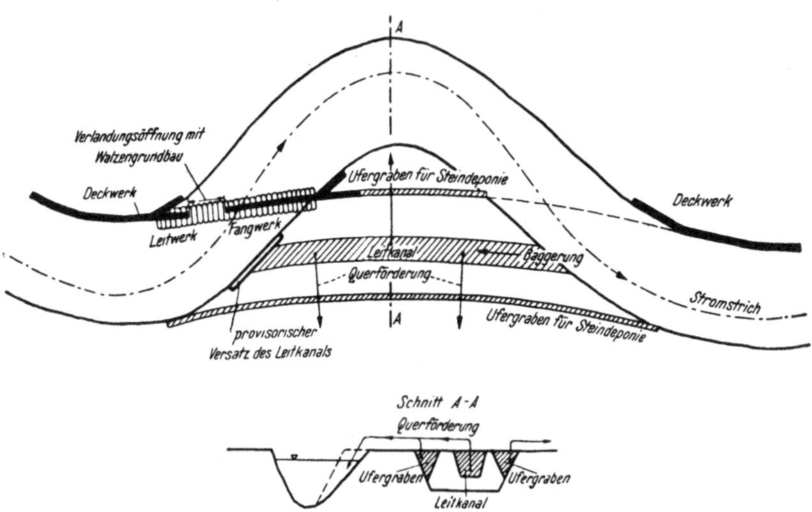

Abb. 121. Bauvorgang bei Ausführung eines Durchstiches.

2. Sohlschwellen (Grundschwellen). Treten in einem regulierten Fluß zu große, nicht beabsichtigte Eintiefungen auf, dann werden als Gegenmaßnahme, ähnlich wie bei der Wildbachverbauung, örtliche Sohlenfestigungen, Sohlschwellen oder Grundschwellen genannt, ausgeführt. Für ihre Ausgestaltung gelten im allgemeinen die Leitsätze, wie sie für die Staffelbauten im Abschnitt Wildbachverbauung entwickelt worden sind.

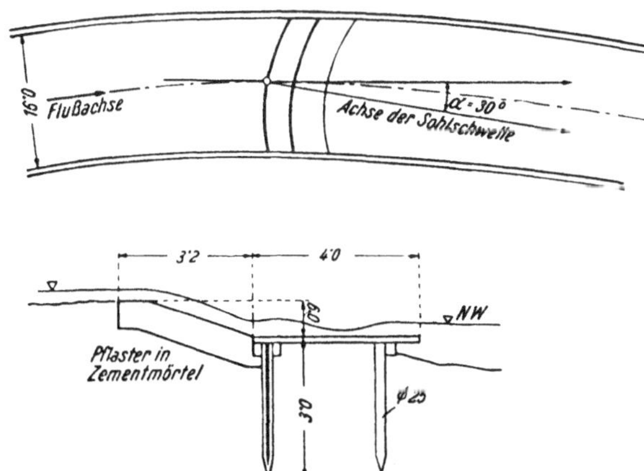

Abb. 122. Grundriß und Querschnitt einer gekrümmten Sohlschwelle an der Traun nach Bauweise *H. Schauberger*.

Im besonderen ist bei Sohlschwellen von Flußregulierungen die Einbindung des Bauwerkskörpers in die aus Alluvionen gebildeten Flußufer und die Ausbildung des Sturzbettes (Tosbecken) mit großer Sorgfalt auszuführen. Die Bauwerksformen nähern sich damit jenen fester Wehre, wie sie bei Wasserkraftanlagen üblich sind.

Als zweckmäßig haben sich Sohlschwellen erwiesen, deren Kronen gekrümmt und gegen die Ufer zu leicht ansteigend ausgeführt werden, weil hiedurch die bei geradliniger Gestaltung der Krone flußabwärts auftretenden beidseitigen Uferangriffe verhindert werden. Eine weitere Verbesserung besteht darin, daß man die Schwellenachse nach dem Bogeninnern dreht, um den Stromstrich vom gefährdeten konkaven Ufer abzulenken (Abb. 122). Für die Bestimmung der erforderlichen Krümmung der Sohlschwelle und der Größe des Drehwinkels α ihrer Achse ist mit Erfolg der Modellversuch zu verwenden.

3. Einmündung von Nebenflüssen. Die Beeinflussung des Hauptflusses durch Nebenflüsse kann im allgemeinen erfolgen durch Änderung der Geschiebefracht des Nebenflusses, Verlegung der Mündungsstelle des Nebenflusses und Änderung der Lage und Richtung der Einmündung.

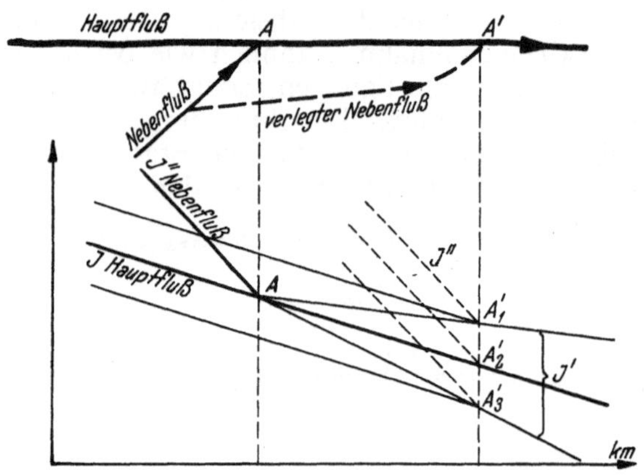

Abb. 123. Morphologische Wirkung bei Verlegung der Mündungsstelle eines Nebenflusses. (Wang: Grundriß der Wildbachverbauung.)

Wird die Geschiebefracht des Nebenflusses *vermehrt*, wie beispielsweise bei seiner Regulierung auf Umbildung, dann tritt eine Sohlenhebung im Hauptflusse unterhalb der Mündungsstelle ein. Wird die Geschiebefracht des Nebenflusses *vermindert*, etwa durch Geschiebebindung infolge Wildbachverbauung, dann tritt eine

Sohleneintiefung im Hauptflusse unterhalb der Einmündungsstelle ein.

Die Verlegung der Mündungsstelle wirkt sich verschieden aus, je nach der Größe der Gleichgewichtsgefälle im Haupt- und Nebenfluß. Bedeutet

J = Gleichgewichtsgefälle im Hauptflusse flußauf von A,
J' = Gleichgewichtsgefälle im Hauptflusse flußab von A und
J'' = Gleichgewichtsgefälle im Nebenflusse,

dann tritt bei einer Verlegung der Mündungsstelle von A nach A', wie Abb. 123 erkennen läßt, im Hauptflusse flußauf von A' eine Eintiefung, ein Gleichgewicht oder eine Hebung ein, wenn $J' \gtreqless J$. Im Nebenfluß ist, wenn $J'' > J$, für alle Fälle eine Hebung zu erwarten.

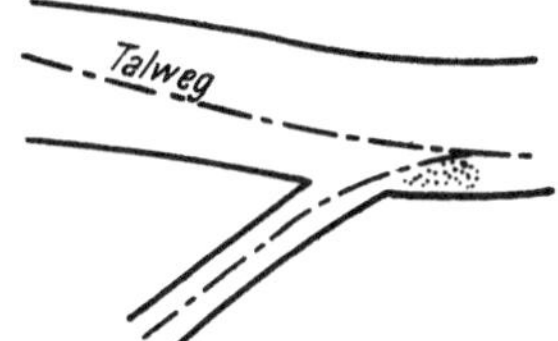

Abb. 124. Einmündung im Furtprofil.

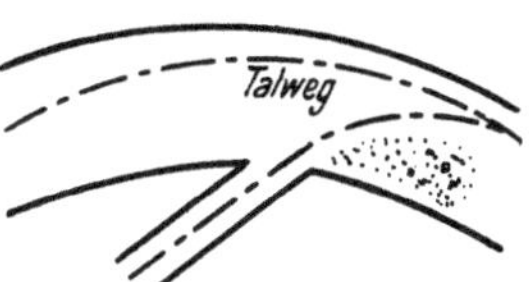

Abb. 125. Einmündung am konvexen Ufer.

Abb. 126. Einmündung am konkaven Ufer.

Abb. 127. Morphologisch günstigste Ausführung der Einmündung eines Nebenflusses.

Bei Änderung der Lage und Richtung der Einmündung kommen drei charakteristische Einmündungsmöglichkeiten in Betracht und zwar: Einmündung an der Furtstelle (Abb. 124), am konvexen Ufer (Abb. 125), am konkaven Ufer (Abb. 126).

Aus der dargestellten Zusammenführung der Talwege ersieht man, daß die Einmündung am konkaven Ufer morphologisch am günstigsten ist, weil hiedurch infolge der großen Geschwindigkeiten im Kolkbereich Geschiebeablagerungen im Hauptflusse vermieden werden. Die allergünstigste Lösung wird im Falle eines tangentiellen Anschlusses erreicht, wobei die Ausführung eines Trennwerkes noch eine weitere Verbesserung ergeben kann (Abb. 127).

Eine Beseitigung der ungünstigen Wirkungen bestehender Einmündungen läßt sich nachträglich durch eine Niederwasserregulierung, wie aus Abb. 128 zu ersehen ist, erzielen.

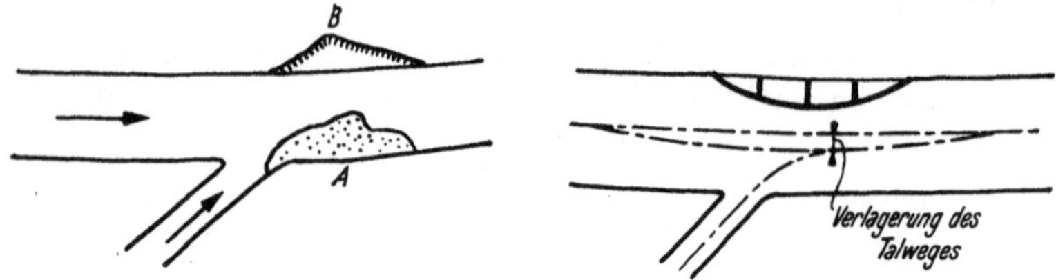

Abb. 128. Nachträgliche Beseitigung ungünstiger Einmündungen von Nebenflüssen durch Niederwasserregulierung im Hauptfluß.

4. Felssprengungen. Die Beseitigung von Schiffahrtshindernissen, hervorgerufen durch Felsbarren (Stromschnellen), stellt eine ebenso wichtige wie schwierig durchzuführende flußbauliche Arbeit dar. Im allgemeinen kann sie erfolgen durch (Abb. 129):

1. Einbau eines Stauwerkes in der Flußstrecke $A — B$ bei A, wodurch eine Hebung des Wasserspiegels auf die Staulinie $1 — 2$

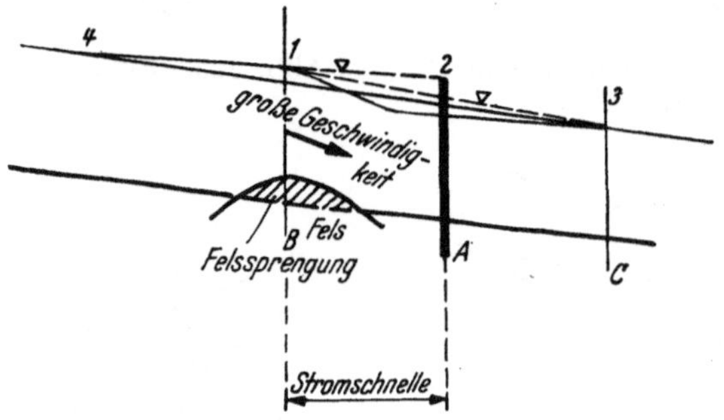

Abb. 129. Ausbaumöglichkeiten zur Beseitigung von Stromschnellen.

erfolgt. Die Überwindung der örtlichen Höhendifferenz geschieht für die Schiffe in einer ebenfalls bei A einzubauenden Kammerschleuße,

2. Einengung der Flußstrecke zwischen B und C und dadurch Hebung des Wasserspiegels auf die Staulinie $1—3$. Eine Untersuchung, ob nicht etwa eine Sohleneintiefung die Wirkung der Einengung aufheben kann, ist durchzuführen,

3. Felssprengung bei B und dadurch Wasserspiegeländerung nach der Linie $3—4$. Das Absprengen der Felsbarre erfolgt unter Wasser durch Auflegen von Patronen oder Herstellung von Bohr·löchern.

Felssprengungen sind sehr kostspielige Arbeiten, sie verlangen daher schon aus diesem Grunde eine sorgfältige Bearbeitung im

Projektsstadium, um der günstigen Auswirkung dieser in das Flußregime tief eingreifenden Maßnahme auch sicher zu sein. Ein Beispiel einer im größten Umfange durchgeführten Felssprengung liefert jene an der Donau beim Eisernen Tor.

5. Baggerungen. Sie sind im ausgedehntesten Maße zur Erhaltung der notwendigen Wassertiefe in der Schiffahrtsrinne angewendet worden. Ihre verbessernde Wirkung wurde hinsichtlich der Wirkungsdauer weit überschätzt. Erfahrungsgemäß muß die Baggerung ununterbrochen durchgeführt werden, wenn bei mangelnder Flußregulierung die Furtenvertiefung anhaltend sein soll. Diese Art der Baggerung stellt also eine dauernde Ausgabe dar. Heute kommt Baggerung nur als sekundäres Hilfsmittel der Flußregulierung in Betracht, und zwar zur Unterstützung der Wirkung der Flußbauwerke, zur Vertiefung der Furten und bei Durchstichausbildung, zur zeitweiligen Aushilfe bis zum Ausbau der Flußbauwerke oder zur Beseitigung rein örtlicher Anlandungen bei Hafeneinfahrten, Werkseinfängen, Stau- und Entnahmestrecken bei Wasserkraftwerken.

Für die Durchführung der Baggerung kommen in Verwendung bei *Dauerarbeit*: Naßbagger verschiedener Systeme, wie Eimer-, Greif- oder Spülbagger; bei *provisorischer* Arbeit: Baggerschaufel, Schrapper, Kratzbagger oder Auflockerung der Sohle mittelst Stangen.

6. Ausführung von Flußbauten mit Rücksicht auf das Landschaftsbild. Oberster Leitsatz der Gestaltung bei Flußregulierungen muß sein, die beherrschende Stellung des Flusses in seinem Tale zu wahren und zu betonen; die Schönheit der Landschaft in ihrer Eigenart und Ursprünglichkeit soll nicht nur erhalten, sondern womöglich noch gesteigert werden.

Unterstützt werden diese Bestrebungen durch die richtige Auswahl der zur Begrünung und Aufforstung sich besonders eignenden Pflanzen und Sträucher und durch sinn- und zweckgemäße Anwendung der sogenannten *lebenden Verbauung*.[1]

Mit den vorangestellten Leitsätzen ist ein bewußtes Zurückdrängen des reinen Nützlichkeitsstandpunktes verbunden; es muß aber damit nicht eine Erhöhung der Baukosten eintreten, sondern wird von den verantwortlichen Organen des Flußbaues nur eine intensive Einfühlung in das Naturgeschehen und Liebe zur heimatlichen Scholle verlangt. Anderseits gewährt aber gerade diese naturverbundene Einstellung und Tätigkeit des Flußbauingenieurs ein solches Ausmaß von Befriedigung, daß damit jedwede Mehrleistung reichlich belohnt wird.

---

[1] *Schulze-Naumburg:* Die Gestaltung der Landschaft durch den Menschen. 1. Band, München 1922. — *Stellwag-Carion, L.* und *Keller, E.:* Lebende Verbauung. Wasserwirtschaft u. Technik, 1937, H. 1 und 2.